W0189653

ESTHER SCHMIDT

Spiel- und Wohnideen für

Zwergkaninchen

Inhalt

Aufregende Futterspiele halten Zwergkaninchen fit und gesund.

DIE FEINE KANINCHENNASE ERSCHNUPPERT
ZUVERLÄSSIG JEDE DUFTBOTSCHAFT.

So sind Zwergkaninchen

Sie sehen drollig aus, besitzen ein bezauberndes Wesen und sprühen über vor Lebensfreude: Zwergkaninchen muss man einfach ins Herz schließen. Doch die kleinen Gesellen stellen ähnlich hohe Ansprüche an Haltung und Pflege wie ihre großen Vettern. Ein Blick auf die wild lebende Verwandtschaft verrät viel über Lebensweise, Verhalten und Bedürfnisse der Kaninchen und liefert Ihnen wichtige Informationen für den richtigen Umgang mit Ihren neuen Familienmitgliedern.

Sinne

Kaninchen stehen ihren zahlreichen Fressfeinden praktisch wehrlos gegenüber und suchen deshalb ihr Heil in der Flucht. Dabei helfen ihnen ihre hervorragenden Sinnesleistungen, die drohende Gefahren rechtzeitig melden und so das Überleben der Tiere sichern.

TASTEN IM DUNKELN

Mit den Tasthaaren an Oberlippe, Kinn und Augenbrauen können sich die dämmerungsaktiven Kaninchen auch im Dunkeln orientieren. Die »Schnurrhaare« sind etwa so lang, wie das Kaninchen breit ist und fungieren wie Abstandshalter. Sie reagieren auf feinste Berührungen, melden Hindernisse rechtzeitig und informieren darüber, ob das Tier durch einen Durchschlupf passt.

DIE SPRACHE DER DÜFTE

Die 100 Millionen Riechzellen der Kaninchennase nehmen feinste Duftspuren wahr. Die Verständigung läuft vor allem über Gerüche, und auch das Territorium wird mit Duftstoffen markiert.

DAS GRAS WACHSEN HÖREN

Kaninchenohren sind wahre Hightech-Hörsysteme, denen auch die leisesten Geräusche nicht entgehen. Die trichterförmigen Löffel können unabhängig voneinander ausgerichtet werden und überdecken einen Hörraum von 360°. Kaninchenrassen mit Schlappohren hören sehr viel schlechter.

MIT FEINER ZUNGE

Mit 8000 Geschmacksknospen auf der Zunge erkennen Zwergkaninchen sofort, ob ihr Futter süß, sauer, bitter oder salzig ist. Giftige von genießbaren Pflanzen zu unterscheiden fällt domestizierten Zwergen aber deutlich schwerer als ihrer wild lebenden Verwandtschaft.

ALLES IM BLICK

Kaninchenaugen sitzen seitlich am Kopf und erlauben eine perfekte Rundumsicht. So werden Fressfeinde schon auf große Distanz bemerkt. Das räumliche Sehvermögen ist im Nahbereich allerdings stark eingeschränkt.

Verhaltensweisen

Zwergkaninchen zeichnen sich durch typische Verhaltensweisen aus, die bei der Heimtierhaltung berücksichtigt werden müssen. Nur so ist gewährleistet, dass Ihre Schützlinge ein langes und gesundes Leben führen.

FAULENZER

Obwohl Kaninchen sehr aktiv sind, genießen sie ihre Ruhephasen. Fühlen sie sich sicher, kann man sie auch während des Tages beim Relaxen und Sonnenbaden beobachten.

DAUERMÜMMLER

Kaninchen unterscheiden sich von den meisten anderen Säugetieren durch ihren Magen, der kaum Muskeln besitzt und daher Nahrung nicht aktiv weitertransportieren kann. Bei diesem sogenannten Stopfmagen kommt unten nur etwas heraus, wenn von oben durch die Speiseröhre etwas nachgeschoben wird. Kaninchen müssen daher dauernd mümmeln und nehmen bis zu 80 Mahlzeiten am Tag zu sich, um die Verdauung in Schwung zu halten. Fasten kann tödlich sein.

KURZSTRECKENSPRINTER

Kaninchen sind Top-Läufer und bis zu 40 Stundenkilometer schnell. Flinke Füße und schnelle Reaktionen sichern ihnen das Überleben. Auch die Zwerge im Haus brauchen sehr viel Bewegung.

NAGER UND KNABBERER

Die Zähne des Kaninchens wachsen ein Leben lang und bis zu 15 mm im Monat. Sie müssen durch ständiges Knabbern an harter Kost kurz gehalten werden, um Zahnprobleme zu vermeiden. Mit geeignetem Nagematerial, wie den Zweigen von Obstbäumen, Buche, Ahorn oder Haselnuss, lenken Sie den Nagetrieb in die richtigen Bahnen.

WÜHLMÄUSE UND ERDARBEITER

Graben und Wühlen ist ein Urinstinkt der Kaninchen und zeigt sich auch bei ihrer Heimtierhaltung noch ungebremst. Bieten Sie Ihren Zwergen deshalb immer geeignete Buddelmöglichkeiten an.

Lautsprache

Kaninchen können sich keine lauten Töne leisten, denn Feinde lauern überall. Trotzdem klappt die Kommunikation untereinander perfekt. Als Halter muss man schon genau hinhören, um die leisen Signale wahrzunehmen.

⬆ ZÄHNEKNIRSCHEN

Kaum hörbares Knirschen und Mahlen mit den Zähnen sind die typischen Wohlfühllaute eines zufriedenen und entspannten Kaninchens. Starkes und lautes Zähneknirschen hingegen signalisiert heftige Schmerzen. Häufige Begleiterscheinungen: apathisches Verhalten, angespannter Körper, getrübter Blick. Suchen Sie bei solchen Krankheitsanzeichen bitte sofort den Tierarzt auf. Eine schnelle Diagnose und Behandlung vermeidet Schmerzen und erhöht die Heilungschancen.

BRUMMEN AUS LIEBE

Ein Rammler auf Freiersfüßen zeigt mit tiefen Brummtönen seine Paarungsbereitschaft an. Nach dem Deckakt stößt er dann meist einen lauten Knurrlaut aus.

◀ TROMMELN BEI GEFAHR

Das Kaninchen trommelt mit seinen Hinterläufen auf den Boden und signalisiert damit allen Artgenossen: Gefahr im Verzug. Oft genug erweist sich das Frühwarnsystem als lebensrettend.

FIEPEN IN NOT

Aus dem Nest ertönt immer wieder zartes Fiepen, mit dem die Babys unermüdlich nach ihrer Mutter rufen. Die Fieptöne signalisieren Hunger, Kälte und Angst. Ältere Tiere stoßen diesen Verlassenslaut aus, wenn sie sich unsicher oder einsam fühlen. Das tritt verstärkt bei Einzelhaltung auf, da das Kaninchen die Gesellschaft eines Artgenossen vermisst.

FAUCHEN ALS LETZTE WARNUNG

Leises Fauchen zeigt Unmut an, mit scharfem Fauchen oder Knurren werden aufmüpfige Artgenossen in die Schranken verwiesen. Hilft das Drohen nicht, kann ein Angriff folgen. Auch der Halter sollte vorsichtig sein.

Körpersprache

Die ausgeprägte Körpersprache der Kaninchen dient nicht nur der Kommunikation mit den Artgenossen, sondern verrät auch dem Halter viel über das Befinden seiner Schützlinge. Sie lässt Wohlbehagen und pure Lebensfreude, aber auch Stress, Angst und Schmerzen erkennen.

BESITZ MARKIEREN

Durch Kinnreiben gibt das Kaninchen einen Duftstoff ab, der seine Besitzansprüche bekräftigt. Auch das Verspritzen von Harn ist eine typische Verhaltensweise, mit der Eigentum markiert wird.

PERFEKTE KÖRPERPFLEGE

Kaninchen sind außerordentlich reinliche Tiere und verbringen viel Zeit mit intensiver Körperpflege. Unterstützung brauchen sie nur in Ausnahmefällen, etwa wenn die Beweglichkeit im hohen Alter oder durch Krankheit nachlässt. Gegenseitiges Putzen kann man oft in den Abendstunden beobachten. Es fördert den Gemeinschaftssinn und stärkt so die Familienbande.

RAMMELND ZUM BOSS

Rammeln dient nicht nur der Fortpflanzung, sondern auch der Rangordnung. Daher kann man auch Häsinnen und Jungtiere dabei beobachten, wenn sie versuchen, sich auf diese Weise einen Platz in der Chefetage zu sichern.

GANZ KLEIN VOR ANGST

Abducken und klein machen ist ein Ausdruck von großer Angst. Ist der nächste Unterschlupf zu weit entfernt oder sind alle Fluchtwege versperrt, drückt sich das Kaninchen flach an den Boden, legt die Ohren an, verharrt völlig regungslos und hofft, dass es so für seine Feinde unsichtbar ist.

WONNIGES WÄLZEN

Kaninchen buddeln gerne Kuhlen in die Erde, in denen sie sich wälzen und von einer Seite zur anderen über den Rücken rollen. Wälzen drückt tiefstes Wohlbefinden aus. Da Kaninchen in Rückenlage wehrlos sind, wälzen sie sich nur, wenn sie sich vollkommen sicher fühlen.

9

PFÖTCHENKONTROLLE – ZU LANGE KRALLEN MÜSSEN REGELMÄSSIG GEKÜRZT WERDEN.

Indoor-Paradiese
für Zwergkaninchen

Vorbei die Zeiten langweiliger Gehege! Dank multifunktioneller Wohnideen können Sie Ihren Zwergen auch im Indoor-Bereich und selbst unter räumlich begrenzten Bedingungen ein abwechslungsreiches und artgerechtes Zusammenleben bieten.

Die quirligen Zwerge genießen auch ihre Ruhepausen.

Viele Kumpels, Platz zum Toben, Verstecke und Kuschelecken – das macht die Zwergenherzen glücklich.

Wohlfühlwohnen im Zwergenland

Damit sich die Zwergkaninchen bei Ihnen wohlfühlen, müssen Sie ihre Lebensweise und Ansprüche genau kennen und ihnen gerecht werden (➜ vordere Innenklappe). Leider werden gerade bei den Grundbedürfnissen zwei zentrale Anforderungen nicht nur von neuen Kaninchenfreunden immer wieder unterschätzt und vernachlässigt: Kaninchen brauchen die Gruppe, um glücklich zu werden, als Singles verkümmern sie. Und mit der Gruppenhaltung verbunden ist ihr großer Bewegungsbedarf.

Mindestens im Doppelpack

Kaninchen sind gesellige Familientiere mit einem ausgeprägten Sozialverhalten. Ausgelassenes Herumjagen, gegenseitiges Putzen und ab und zu ein Schwätzchen in Zwergenlatein gehören zum Kaninchenleben einfach dazu. Ersparen Sie den Tieren Einzelhaft, glückliche Zwergkaninchen gibt es nur im Doppelpack und – bei genügend Platz – in der Gruppe. Nur dann entfaltet sich ihre volle Lebenslust, und sie verblüffen uns mit einem vielfältigen Verhaltensrepertoire.

IMMER AUF ACHSE

Wildkaninchen führen ein Leben voller spannender, aber auch nicht ungefährlicher Abenteuer. Jeder Tag bringt neue Herausforderungen – wer sie nicht meistert, hat kaum Überlebenschancen. Die Fellnasen proben deshalb von klein auf für den Ernstfall. Ihr wichtigstes Training: der Kurzsprint, gepaart mit schnellen Richtungswechseln und verwirrenden Sprungeinlagen. Auch wenn unsere Zwerge zu Hause vor keinem Fressfeind davonlaufen müssen, ist ihr angeborener Bewegungsdrang ungemindert. Und es ist wichtig, dass die Tiere ihn voll und ganz ausleben können. Unverzichtbar sind daher ein Freiraum von mindestens zwei Quadratmetern pro Kaninchen und stundenweise zusätzlicher Auslauf. Nur so bleiben die Tiere fit und erfreuen sich bis ins hohe Alter bester Gesundheit.

SCHÖNER WOHNEN

Für die artgerechte Wohnungshaltung gibt es je nach Platzangebot diese Möglichkeiten: Wohnungsfreilauf, Kaninchenzimmer oder Zimmergehege.

Wohnungsfreilauf: Der freie Auslauf in der Wohnung bietet den Zwergen jede Menge Bewegungsfreiheit und Abwechslung. Er erfordert jedoch umfangreiche Sicherungsmaßnahmen und Umsicht und Verständnis von der ganzen Familie und von Besuchern.

Kaninchenzimmer: Das eigene Reich: Ein Zimmer ausschließlich für die Kaninchen! Das ist natürlich das Nonplusultra. Hier fühlen sich die Zwerge pudelwohl, da alles komplett auf ihre Bedürfnisse abgestimmt werden kann. Gefahrenquellen sind überschaubar und lassen sich gut ausschalten.

Zimmergehege: Die gängigste Form der Kaninchenhaltung ist das Zimmergehege. Der Platzbedarf ist überschaubar, das Gehege lässt sich selbst in kleinen Wohnungen gut unterbringen. In dem abgegrenzten Areal können die Zwerge gefahrlos herumtoben und zugleich aktiv am Leben ihrer Familie teilnehmen. Mit mobilen Gehegeteilen lässt sich der Aktionsradius der bewegungsfreudigen Truppe beliebig variieren.

Alles gesichert?

- Stromkabel in Kabelkanälen verlegen
- Giftige Pflanzen entfernen
- Putzmittel, Medikamente, Messer und Scheren unter Verschluss halten
- Feuer- und Kochstellen sichern
- Textilien wegräumen, in denen sich die Krallen der Tiere verheddern können
- Fenster bei Freilauf geschlossen halten
- Katze, Hund und anderen Heimtieren den Zugang zum Kaninchenzimmer verwehren

Die Sandmuschel ist ein echtes Wellnessparadies. Der Öffnungsgrad der Schale lässt sich variieren.

Gehegevariationen

Fertige Gehegeabtrennungen finden Sie im Zoofachhandel. Im Baumarkt gibt es geeignete Teile für den Eigenbau. Hier kann man Material, Form und Farbe individuell wählen. Achten Sie auf ausreichende Höhe, gute Verarbeitung und leichtes Handling.

Metallic-Look: Der Zoofachhandel bietet Metallgitter (➡ Bild 4) für den Außenbereich an, die sich auch prima für die Wohnung eignen. Sie punkten mit geringem Gewicht, leichter Handhabung und Haltbarkeit und sind in verschiedenen Höhen erhältlich. Sinnvoll sind erweiterbare Stecksysteme, die sich leicht auf-, um- und abbauen lassen. Bei großflächiger Absperrung sollte zusätzlich zur Wandbefestigung noch ein Fixierpunkt am Boden angebracht werden, um für mehr Stabilität zu sorgen.

Auf dem Holzweg: Die auch im Baumarkt erhältlichen dekorativen Holzzäune (➡ Bild 2) eignen sich gut zur Gehegeabtrennung. Man kann fertige Zaunfelder kaufen oder die Staketen selbst zusammensetzen. Vorteil der

Eigenbauvariante: Sie können den Lattenabstand selbst festlegen und so sicherstellen, dass sich kein Zwerg hindurchzwängt oder mit dem Kopf stecken bleibt. Notfalls unteren Bereich mit bissfestem Draht sichern.

Schwer auf Draht: Aus Dachlatten mehrere rechteckige Holzrahmen fertigen, mit Draht bespannen und miteinander verbinden – fertig ist die Gehegeabtrennung. Wer nicht selbst bauen möchte, kann auch hier auf ein Außengehege aus dem Zoofachhandel zurückgreifen (➡ Bild 5). Zu niedrige Elemente kann man einfach hochkant stellen. Als Verbindung bewähren sich Scharniere. Sie sollten so angebracht werden, dass sich die Gehegeabtrennung wie ein Fächer zusammenklappen lässt. Das erleichtert Ihnen die Handhabung und ermöglicht eine platzsparende Aufbewahrung.

Schick mit Glas: Guten Ein- und Ausblick gewähren selbst gebaute Gehege aus Bastlerglas (➡ Bild 1). Wenn Sie für den Rahmen Nut- und Federbretter oder Aluschienen verwenden, werden die Glasplatten einfach dazwischen geschoben. Die Glaswände lassen alles luftiger und edler wirken. Wählen kann man zwischen Klarglas und zarter Musterung. Sparvariante: Statt Bastlerglas alte Duschabtrennung aus Plexiglas verarbeiten.

Tipp: Dünnes Plexiglas nicht sägen, sondern tief anritzen und über eine Schiene brechen.

Nicht von Pappe: Als Notbehelf und auch für den Auslauf unter Aufsicht eignen sich stabile Pappelemente, die mit einem breiten Gewebeband verbunden werden (➡ Bild 3). Wenn Sie beim Aufkleben einen kleinen Spalt zwischen den Pappen lassen, können Sie die Abtrennung einfach zusammenklappen und platzsparend lagern.

Tipp

70–80 cm **Gehegehöhe** reichen in der Regel aus. Einige Zwerge sind aber echte **Sprungkünstler** und brauchen extrahohe Abtrennungen. Testen Sie den Auslauf unter Aufsicht, um **Schwachstellen** zu entdecken. Vergessen Sie bei einem hohen Gehege den bequemen Einstieg für sich selbst nicht.

1 Gehege mit Durchblick. Hier finden alte Duschwände aus Kunstglas noch einen sinnvollen Verwendungszweck. Die eingearbeitete Tür erleichtert den Einstieg, ohne dass ein Zwerg heimlich türmen kann. Die Klappfunktion ermöglicht ein gutes Handling.

2 Dieser dekorative Holzzaun wurde selbst zusammengeschraubt. Das nötige Zubehör finden Sie in jedem Baumarkt. Die Lattenhöhe können Sie den Sprungkünsten Ihrer Zwerge genau anpassen.

3 Selbst stabile Pappelemente eignen sich nur für den Auslauf unter Aufsicht, denn bei den Zwergkaninchen geht es manchmal recht turbulent zu.

4 Metallgitter sind die Klassiker aus dem Zoohandel. Die leichte Konstruktion lässt sich schnell auf- und abbauen.

5 Mit Draht bespannte Holzrahmen bieten Sicherheit. Hier wurden die hochkant gestellten Elemente des gekauften Freigeheges mit Scharnieren verbunden.

Hier gibt es reichlich Platz zum Springen und Toben.

Stabil, schön und praktisch: Modulelemente passen sich wunderbar allen räumlichen Bedingungen an.

Module –
echte Allroundtalente

Der Fachhandel bietet eine wahre Flut von Kaninchenwohnungen an. Nicht alle können in puncto Material, Alltagstauglichkeit und Langlebigkeit überzeugen. Bei privaten Händlern wird man fündig, hier scheitert es jedoch oft am Preis. Schicke Wohnelemente, die sich ergänzen und zugleich individuelle Wünsche erfüllen, sind kaum erschwinglich. Resultat: ein bunt durcheinandergewürfeltes Kaninchenheim, das mit praktischen und hübschen Elementen bestückt ist, aber doch insgesamt unaufgeräumt wirkt. Die Zwerge stört das natürlich wenig, doch so mancher Kaninchenhalter fühlt sich in seinen eigenen vier Wänden nicht mehr wohl.

Module im Selbstbau

Abhilfe schaffen selbst gebaute Module, die leicht zu fertigen sind und keine großen Handwerkertalente erfordern. Ein Versuch lohnt sich in jedem Fall, denn die Module überzeugen mit vielen Vorteilen. Module …

… erlauben eine optimale Raumausnutzung durch unterschiedliche Modultypen, die sich in Größe und Form abwandeln lassen.

… können flexibel eingesetzt werden. Zum Beispiel als Wohneinheit, Aussichtsplattform, Tunnel oder Unterschlupf.

… bieten ihren Bewohnern mit unzähligen Aufbauvarianten viel Abwechslung.

… lassen sich in Form, Farbe und Aussehen leicht an die Wohneinrichtung anpassen.

… sind kostengünstig, einfach zu fertigen und lange haltbar.

… eignen sich aufgrund ihrer hohen Stabilität als Ablagefläche und sogar als Sitzgelegenheit für den Halter.

… kann man leicht sauber halten: Fürs Großreinemachen nimmt man die Einheiten einfach auseinander; dank der Schraubverbindungen lassen sich unansehnlich gewordene Bretter problemlos ersetzen.

… können als Einzelelemente, aber auch in jeder beliebigen Ausrichtung aufgestellt und sogar übereinanderplatziert werden.

… sind leicht zu handhaben: Der schnelle Umzug in ein anderes Zimmer oder eine andere Wohnung macht keine Probleme.

… erlauben jederzeit eine beliebige Erweiterung des Zwergen-Wohnraums.

… können mit wenigen Anpassungen auch im Outdoor-Bereich eingesetzt werden (➜ Bild, Seite 49 unten rechts).

Das richtige Material

Aus gesundheitlicher Sicht ist unbehandeltes Massivholz optimal. Es ist jedoch sehr teuer und »arbeitet« stark, sodass sich die Bauten schnell verziehen, nichts mehr passt und die Freude daran schnell dahin ist. Eine gute und kostengünstige Alternative bietet Leimholz.

Tipp

Viele Baumärkte offerieren einen **kostenlosen Zuschnittservice.** Gegen einen geringen Aufpreis können Sie sich sogar schon die Öffnungen in die Leimholzbretter sägen lassen oder **hochwertige Arbeitsgeräte** ausleihen, um Ihre eigenen handwerklichen Fähigkeiten unter Beweis zu stellen.

Bei der Herstellung werden mehrere Massivholzplatten gegenseitig verleimt. Es bleibt so lange in Form, und der Leimanteil ist im Vergleich zu Spanplatten deutlich niedriger. **Tipp:** Selbst hartnäckige Knabberzwerge lassen das Inventar links liegen, wenn leckere Äste und Zweige auf dem Speiseplan stehen.

Auf den Kopf gestellt, verwandelt sich Modul B in ein herrlich duftendes, kuscheliges Heubett.

Bau-anleitung

Arbeitsschritte beim Modulbau

Die einzelnen Arbeitsschritte beim Modulbau sind nicht übermäßig schwierig. Da sie sich ständig wiederholen, bekommen auch weniger geübte Heimwerker schnell Routine. Und selbst wenn nicht alles auf Anhieb klappt oder hundertprozentig akkurat wird – die Zwerge nehmen es Ihnen garantiert nicht übel. Bei den ersten Versuchen kommt es nicht unbedingt auf Schönheit an. Die Sicherheit der Bewohner muss allerdings auf jeden Fall gewährleistet sein.

ARBEITSMITTEL
- Handkreissäge
- Stichsäge
- Akkuschrauber
- Bohrer, Ø 3,0 mm, zum Vorbohren
- Bohrer, Ø 8,0 mm, zum Ansenken und für Holzdübel
- Lineal, Zirkel und Bleistift
- Winkel mit 90°
- 2 Schraubzwingen
- feines Schleifpapier oder Holzfeile

ARBEITSMATERIAL
- Leimholzbretter, 30 cm breit, 18 mm stark (für Module A und C)
- Leimholzbretter, 30 cm und 40 cm breit, 18 mm stark (für Module B, D, E, F)
- 10–20 Universalschrauben, 4,0 × 50 mm, pro Modul
- bei Bedarf Holzdübel, 30 mm, Ø 8,0 mm, zur Fixierung bei Etagenbauten
- kleine Holzleisten und ungiftiger Leim (für Modul C)

Zuschneiden: Das Brett wird mit Schraubzwingen an der Arbeitsplatte fixiert und mit der Handkreissäge auf das erforderliche Maß zugeschnitten. Einige Modultypen erfordern einen Gehrungsschnitt, um die Bretter in einem bestimmten Winkel (zum Beispiel mit 45°) zusammenfügen zu können. Dazu stellt man einfach an der Säge die erforderliche Gradzahl ein und führt den Schnitt wie gewohnt an der angezeichneten Schnittlinie aus (➜ Bild 1).

Entgraten: Um zu vermeiden, dass sich die Kaninchen an überstehenden und scharfen Kanten verletzen, sollten alle Schnittflächen mit Schleifpapier oder Holzfeile entgratet und nachbearbeitet werden (➜ Bild 2).

Verbinden: Alle Module besitzen Schraubverbindungen. Bohren Sie mit dem kleinen Bohrer (Ø 3,0 mm) Löcher vor, die Sie dann mit dem großen Bohrer (Ø 8,0 mm) so tief ansenken, dass die Schraubenköpfe später darin verschwinden und nicht hervorstehen. Wenn die Schrauben möglichst gleichmäßig verteilt sind, erhöht das die Stabilität der Konstruktion. Bitte achten Sie darauf, dass das obere Brett immer zwischen den beiden Seitenbrettern liegt. So wird der Tunnel etwas breiter, und die Schrauben sitzen nicht auf der Lauffläche der Kaninchen (➜ Bild 3).

Info: Bei unebenen Böden oder sehr hohen Bauten kann es sinnvoll sein, die Module zusätzlich untereinander zu verschrauben.

Alle Steps auf einen Blick

Step 1: *Die Bretter mit der Handkreissäge entlang der angezeichneten Schnittlinien zuschneiden.*

Step 2: *Alle Schnittkanten mit einer Holzfeile oder Schleifpapier entgraten.*

Step 3: *Die Schrauben in die vorgebohrten und leicht angesenkten Löcher eindrehen.*

Step 4: *Mittels einer Schablone die Öffnungen anzeichnen und mit der Stichsäge einbringen.*

Step 5: *Holzdübel verhindern bei den Etagen-aufbauten das Verrutschen der Module.*

Step 6: *Ein farbiger Anstrich oder eine hübsche Verzierung peppen die Module optisch auf.*

Öffnungen einbringen: Basteln Sie zum Anzeichnen der Öffnungen eine Schablone aus Pappe (➔ Zeichnung 1a, Seite 70), das spart Zeit. Aus Sicht des Bearbeiters beträgt der Abstand von der Mittellinie der Öffnung zum rechten (in Ausnahmefällen linken) Modulrand immer 16,8 cm (➔ Zeichnung 1b, Seite 70). Wenn Sie dieses Maß einhalten, haben Sie die Gewähr, alle Module miteinander kombinieren zu können, ohne dass ein Durchgang versperrt wird. Lassen Sie beim Anzeichnen der Öffnung unten einen kleinen Steg von 3,0 cm stehen, er erhöht die Stabilität, bietet eine Befestigungsmöglichkeit für Rampen und Stege und erleichtert die Handhabung. Zum Ausschneiden der Öffnungen setzt man zunächst zwei Hilfsbohrungen (⌀ 8,0 mm) in Nähe der Eckpunkte, damit die Stichsäge greifen und gut wenden kann. Nun sehr sorgfältig aussägen (➔ Bild 4, Seite 19). Die Größe der Öffnungen muss gegebenenfalls dem Taillenumfang Ihrer Zwergkaninchen angepasst werden.

Info: Dank der vielen Öffnungen können die Module flexibel miteinander kombiniert werden. Wer sich von vornherein für eine feste Aufbauvariante entscheidet, kann auf einige Durchbrüche, zum Beispiel in der Rückwand, verzichten oder sie bei Bedarf nachträglich einbringen.

Fixierung für den Etagenbau: Obwohl alle Module kompakt sind und sicher stehen, sollte man sie zusätzlich fixieren, wenn zwei oder mehrere übereinandergestellt werden. Bohren Sie in die langen Seitenwände des unteren Moduls von oben ca. 20 mm tiefe Löcher, ⌀ 8,0 mm (Abstand vom Eckpunkt ca. 5 cm). Passend dazu in die Unterseite des

oberen Moduls 15 mm tiefe Bohrungen mit gleichem Durchmesser. Dann steckt man Holzdübel in die Löcher des unteren Moduls und setzt das obere Modul einfach auf. Die Verbindung verhindert zuverlässig, dass die Module verrutschen, lässt sich bei Bedarf aber leicht wieder lösen (➔ Bild 5, Seite 19).

Aufbau und Gestaltung: Schon mit wenigen Modulen und Modultypen können Sie eine attraktive Wohnlandschaft für Ihre Zwerge zusammenstellen. Und es gibt unzählige Variationsmöglichkeiten. Eine Behandlung mit Bienenwachs schützt das Holz und erleichtert die Reinigung. Natürlich können Sie die Module auch ganz nach eigenen Vorstellungen verzieren oder mit einem zur Wohnungseinrichtung passenden Anstrich versehen. Vielleicht wollen sich Ihre Kids sogar mit kleinen Kunstwerken auf den Modulen verewigen (➔ Bild 6, Seite 19).

Tipp: Bekleben Sie die Lauffläche zur besseren Trittsicherheit mit Teppichresten.

Tipp

Verwenden Sie nur unbedenkliche Materialien, die Sie mit **ungiftigen Farben und Lacken** behandeln. Geeignet sind beispielsweise **Leinöl und Spielzeuglack**. Achten Sie bei allen Baumaßnahmen darauf, dass keine gefährlichen Ecken und Kanten entstehen, an denen sich die Zwergkaninchen verletzen können. Kontrollieren Sie regelmäßig die **Stabilität und sichere Verarbeitung** Ihrer Bauwerke.

Alle Modultypen auf einen Blick

Modul A

Modul B

Modul C

Modul D

Modul E

Modul F

Modul A: *Das perfekte Einsteigermodell für den angehenden Heimwerkerkönig.*
Modul B: *Die offene Frontseite ermöglicht die Integration einer Kotwanne oder Buddelkiste.*
Modul C: *Eine stabile Aufstiegsmöglichkeit mit genügend Trittsicherheit.*

Modul D: *Damit lässt sich die neue Wohneinheit bequem um die Ecke bauen.*
Modul E: *Das Modell im Dreieckstil ergänzt die Grundtypen und setzt optische Akzente.*
Modul F: *Der Pavillon dient als Einzelelement oder als Ergänzung des Spiellabyrinths.*

Modul A: Tunnel-Element

Das Tunnel-Element ist eine gute Basis für alle Modulaufbauten. Auch Einsteiger in die Heimtier-Heimwerkerbranche werden vom Zusammenbau nicht überfordert.

Schritt 1: 5 Bretter gemäß Zeichnung 2a–b (→ Seite 70) zuschneiden und entgraten.
Schritt 2: Zunächst 2 lange Bretter an ihren Längsseiten verbinden (→ Bild 1).
Schritt 3: Das dritte lange Brett so anbringen, dass ein U-Profil entsteht (→ Bild 2).

Schritt 4: Die kleinen Seitenteile anschrauben, sodass eine unten offene Kiste entsteht (→ Bild 3).
Schritt 5: Im letzten Schritt rundherum Öffnungen gemäß Zeichnungen 1a und 1b (→ Seite 70) einbringen und entgraten.

Modul B: Brücken-Element

Das Brücken-Element eignet sich mit seiner offenen Vorderseite bestens dazu, Etagenbauten leichter und lockerer wirken zu lassen.

Schritt 1: 4 Bretter gemäß Zeichnung 3a–c (→ Seite 70) zuschneiden und entgraten.
Schritt 2: Ein langes, 30 cm breites Brett mit einem kurzen Brett verschrauben (→ Bild 1).
Schritt 3: Danach das zweite kurze Brett anschrauben (→ Bild 2).

Schritt 4: Den Abschluss bildet das Deckbrett (→ Bild 3).
Schritt 5: In die beiden schmalen Seitenteile des Brücken-Elements jeweils eine Öffnung gemäß Zeichnungen 1a und 1b (→ Seite 70) einbringen und entgraten.

Modul C: Aufgangs-Element

Damit die Bewohner nicht abrutschen, sollte die Aufgangsschräge nach der Endmontage im Abstand von ca. 5 cm mit Holzleisten oder alternativ mit Teppichresten beklebt werden.

Schritt 1: 5 Bretter gemäß Zeichnung 4a–d (➜ Seite 71) zuschneiden und entgraten.
Schritt 2: Das 33,6 cm lange Brett mit einem trapezförmigen Brett verbinden (➜ Bild 1).
Schritt 3: Nun das zweite Trapezbrett und das Deckbrett anschrauben (➜ Bild 2).

Schritt 4: Das Brett mit den Gehrungs-schnitten als Schräge anbringen (➜ Bild 3).
Schritt 5: Rundherum – mit Ausnahme der Schräge – Öffnungen gemäß Zeichnungen 1a und 1b (➜ Seite 70) einbringen. **Achtung:** Bei einem Trapezbrett von links messen.

Modul D: Eck-Element

Um die Ecke gedacht: Mit diesem Modul kann man nicht nur bequem um die Ecke bauen, es überzeugt auch als dekorativer Seitenabschluss oder Frontvorsprung.

Schritt 1: 6 Bretter gemäß Zeichnung 5a–f (➜ Seite 71–72) zuschneiden und entgraten.
Schritt 2: Die beiden langen Bretter ohne Gehrungsschnitt verbinden (➜ Bild 1).
Schritt 3: Die Bretter mit einem Gehrungs-schnitt rechts und links anfügen (➜ Bild 2).

Schritt 4: Deck- und Frontbrett anschrau-ben. Frontbrett im unteren Bereich an den beiden Seitenteilen befestigen (➜ Bild 3).
Schritt 5: In die beiden vorderen Seiten Öffnungen wie in Zeichnungen 1a und 1b (➜ Seite 70) einbringen und entgraten.

Modul E: Ergänzungs-Element 1

Dieses Modul-Element mit dreieckiger Deckfläche ist nicht nur eine abwechslungsreiche Ergänzung zu den Grundmodultypen, sondern besticht auch als Einzel-Element.

Schritt 1: 3 Bretter gemäß Zeichnung 6a–c (➔ Seite 72) zuschneiden und entgraten.
Schritt 2: Zunächst die beiden rechteckigen Rückteile zusammenschrauben (➔ Bild 1).
Schritt 3: Jetzt das dreieckige Deckbrett dazwischen schrauben (➔ Bild 2).

Schritt 4: In die beiden Seitenteile jeweils eine Öffnung gemäß Zeichnungen 1a und 1b (➔ Seite 70) einbringen und entgraten.
Achtung: Der Abstand für die Öffnungen wird hier ausnahmsweise vom linken Modulrand aus gemessen (➔ Bild 3).

Modul F: Ergänzungs-Element 2 (Pavillon)

Der Pavillon ist eine prima Ergänzung zum Spiellabyrinth (➔ Seite 25). Achten Sie bitte auf eine ausreichende Größe des Durchschlupfs, wenn Sie die Form der Öffnung verändern.

Schritt 1: 5 Bretter gemäß Zeichnung 7a–c (➔ Seite 73) zuschneiden und entgraten.
Schritt 2: Zunächst zwei unterschiedlich große Seitenbretter verbinden (➔ Bild 1).
Schritt 3: Jetzt das passende dritte Brett und das Deckbrett anbringen (➔ Bild 2).

Schritt 4: Zuletzt das noch fehlende Brett anschrauben (➔ Bild 3).
Schritt 5: Rundherum mittig Öffnungen gemäß Zeichnung 8 (➔ Seite 73) einbringen und entgraten. Die Form des Ausschnitts kann unterschiedlich gewählt werden.

Oben links: Neugierig verfolgen die Zwerge den Aufbau ihres neuen Spiellabyrinths, das sich kinderleicht aus den Modultypen A und E zusammenstellen lässt.

Oben rechts: Modul F ergänzt das Labyrinth perfekt. Holzdübel verhindern das Verrutschen des Pavillons.

Links: Buddelspaß pur. Das Trittbrett erleichtert Ein- und Ausstieg, die Pappwand dient als Spritzschutz.

Module im Sondereinsatz

Selbstbau-Module eignen sich nicht nur zum Wohnen, sondern sind universell einsetzbar.

Modul A: Das perfekte Wühlparadies! Stellen Sie das Modul einfach auf den Kopf, und füllen Sie es mit alten Geschirrtüchern oder zerknülltem Zeitungspapier.

Modul B: In dieses Modul kann problemlos eine Unterschale integriert werden. Füllt man sie mit Einstreu, Heu oder Stroh, ergibt das eine perfekte Kaninchentoilette oder ein tolles Kuschelbett. Höhere Schalen bitte an den Seiten ausschneiden, damit die Durchgänge für die Zwerge nicht versperrt sind.

Modul C: Wenn man zwei C-Module mit den Stirnseiten zusammenstellt, wird daraus eine Brücke mit Unterschlupfmöglichkeit.

Modul D: Keine Öffnungen vorsehen, kopfüber aufstellen und mit Sand füllen – fertig ist die Buddelkiste (➜ Bild links).

Modul E: Dank der Gehrungsschnitte kann man zwei E-Module zum Quadermodul zusammensetzen: der perfekte Zwergentreff.

Modul F: Kombiniert mit den Modultypen A und E wird daraus im Handumdrehen ein Spiellabyrinth, das die Zwergkaninchen zum Verstecken, Herumtollen, Klettern und Relaxen einlädt (➜ Bilder oben).

Module für jede Gelegenheit

Ob als Unterschlupf, Sportarena, gemütliche Kuschelecke, Abenteuerspielplatz oder geräumiger Wohnkomplex – Module sind flexibel einsetzbar, lassen sich vielfältig kombinieren und finden in jeder Wohnung Platz.

Moderne Kaninchenmöbel können individuell gestaltet und farblich perfekt auf die Wohnungseinrichtung abgestimmt werden und setzen mit außergewöhnlichem Design und frischen Farben neue Akzente.

Langeweile ade. Aufgrund der vielen Aufbauvarianten kann man ohne großen Aufwand immer wieder neue Wohnanlagen für die Zwerge zusammenstellen.

Wohnen wie im Märchenschloss. Die besondere Gestaltung und Kombination der Module gibt dieser Anlage eine individuelle Note.

Kein Platz für einen Wohnkomplex? Kein Problem, denn bereits mit zwei Modulen können Sie Ihren Zwergen einen gemütlichen Unterschlupf, eine schöne Aussichtsplattform und Kletterspaß pur bieten. Und selbst hier sind schon mehrere Aufstellvarianten möglich.

Origineller Modulaufbau im römischen Stil. Die Zwergkaninchen lieben ihr Atriumhaus, die vielen Durchgänge machen das Heim perfekt. Man tummelt sich im großzügigen Vorhof oder schaut von der Aussichtsplattform dem lustigen Treiben der Kumpel zu.

Schicke Ecklösung mit nur zwei Modultypen. Das geräumige Eckelement bietet sicheren Unterschlupf mit Höhlencharakter. Die aufgeklebten Teppichreste geben den Zwergenfüßen guten Halt.

Reger Durchgangsverkehr. Die Bewohner können zwischen ober- und unterirdischer Rennstrecke wählen und auch einen Boxenstopp einlegen.

Hochbau im Schwarz-Weiß-Dekor. Bei unebenen Böden Kippsicherheit testen und Module eventuell verschrauben.

Moderner Chic durch asymmetrische Modulanordnung und bunte Farbgebung. Als Aufgang dient eine mit Leisten beklebte Holzrampe, die mittels Haken und Ösen sicher befestigt ist.

In einem solchen Etagenbau lässt es sich prima wohnen, trotzdem ist der tägliche Bodenauslauf Pflicht.

Etagenbau – viel Platz auf kleiner Fläche

Viel Bewegungsfreiheit – das mögen die Zwerge. Mit ein bisschen Fantasie und Kompromissbereitschaft lässt sich der Anspruch auch auf kleinem Raum realisieren. Wo der Platz in der Fläche nicht reicht, baut man einfach in die Höhe. Zimmer mit Ausblick sind bei Zwergkaninchen sehr beliebt, und der Aufstieg vom Parterre in die oberen Stockwerke fördert ihre Fitness. Bei einer Etagenhöhe von 60 cm können die Zwerge Männchen machen und stoßen sich nicht beim kleinsten Hopser den Kopf. Die Aufgänge sollten nicht zu steil ausfallen, um auch älteren Semestern den Aufenthalt in den oberen Etagen zu ermöglichen. Achten Sie auf zweckmäßige Einrichtung der Ebenen, damit den Tieren genug Platz zum Spielen und Hoppeln bleibt. Und nicht vergessen: Kaninchen sind von Haus aus Bodentiere. Auch wenn man im geräumigen Etagenbau gut wohnt – zum Ausleben des Bewegungsdrangs brauchen die Zwerge viel Auslauf.

Bau-anleitung

Etagenheim

Der Bau eines mehrstöckigen Zwergenheims verlangt etwas handwerkliches Geschick. Am besten klappt es, wenn Sie als Basis ein einfaches Fertigregalsystem aus Holz verwenden. Solche Regale kann man in unterschiedlichen Formen und Größen kaufen. Unser Etagenheim besteht aus zwei 83 × 50 × 179 cm (Breite × Tiefe × Höhe) großen Regalen mit je vier Regalböden, einem passenden Eckpfosten sowie sechs Eck-Regalböden (76 × 76 × 50 cm).

ARBEITSMITTEL

- ☐ Handkreissäge
- ☐ Stichsäge
- ☐ Akkuschrauber
- ☐ Hammer
- ☐ Blechschere

- ☐ Winkel mit 90°
- ☐ Wasserwaage
- ☐ Bleistift und Zollstock zum Anzeichnen
- ☐ Tacker

- ☐ Bohrer, Ø 3,0 mm
- ☐ Bohrer, Ø 8,0 mm
- ☐ feines Schleifpapier zum Entgraten

ARBEITSMATERIAL

Achtung: Da die Regalmaße abweichen können, bitte vor dem Einkauf des Materials noch einmal genau nachmessen und die Vorgaben gegebenenfalls anpassen.

- ☐ 10 m² Nut- und Federbretter, 10 cm breit (inklusive Verschnitt)
- ☐ je 4 Glattkantbretter, 8 × 1,8 cm (Breite × Stärke) mit den Längen 51, 56 und 64 cm
- ☐ Glattkantbretter, 5 × 1,8 cm: 12 à 72 cm, 2 à 81, 5 à 25, 2 à 90, 6 à 80 cm Länge
- ☐ 2 Leimholzbretter, 55 × 24 × 1,8 cm (Länge × Breite × Stärke) und 46 × 20 × 1,8 cm
- ☐ 6 Leimholzbretter, 60 × 20 × 1,8 cm
- ☐ 4 Meter 1,2 mm starker und 1 m breiter Volierendraht, Maschenweite 20 × 20 mm
- ☐ 34 Winkel, 5 × 5 × 1 cm
- ☐ 1 Packung Tackerklammern, 8 mm
- ☐ ca. 110 Universalschrauben, 4 × 30 mm
- ☐ ca. 340 Universalschrauben, 4 × 50 mm
- ☐ 15 U-Profile, 10 × 20 mm: 12 Stück à 5 cm, 2 Stück à 46 cm und 1 Stück à 18 cm Länge
- ☐ 10 Haken u. Ösen zur Rampenbefestigung

- ☐ 6 kleine Sturmhaken
- ☐ 6 Türscharniere, ein Scharnier à 20 cm Länge, Fensterriegel, Holzgriff
- ☐ kleine Holzleisten und verzinkte, 20 mm lange Stifte für die Rampen
- ☐ ungiftiger Klebstoff für die U-Profile

Mal schauen, ob unser neues Zuhause auch wirklich groß genug wird.

Bild 1: Verkleidung der Rück- und Seitenwände.

Aufbau und Verkleidung der Etagenwohnung

Bauen Sie die Regalrahmen nach Anleitung des Herstellers auf und setzen dann die Regalböden gemäß Bild 1 ein. Nun die Rück- und Seitenwände mit unbehandelten Nut- und Federbrettern verkleiden. Die Bretter werden waagerecht angeschraubt, dann dienen die Pfosten des Regals zur sicheren Befestigung. Immer drei Bretter ineinanderschieben, an einer Seite bündig anhalten und an der anderen Seite den Überstand anzeichnen. So passt alles nach dem Zuschneiden. Verwenden Sie zum Befestigen für die Seitenwände vier, für die Rückseiten jeweils sechs Universalschrauben pro Brett (➤ Bild 1). Bei allen Schraubverbindungen bohrt man zuerst mit einem Bohrer mit Durchmesser 3 mm vor und senkt dann mit einem 8-mm-Bohrer so tief an, dass die Schraubenköpfe später im Holz verschwinden. Rücken Sie anschließend den Schrank an seinen Standplatz und richten ihn mit der Wasserwaage aus. Bei Jungtieren besser auch den Sockel verkleiden, damit sie sich beim Freilauf nicht darunter verkriechen können. **Achtung:** Falls bei der Verkleidung der Seitenwände innen ein größerer Spalt zwischen Regalböden und Wand bleibt, schrauben Sie eine in der Länge und Stärke passende Holzleiste an, um ihn zu schließen. So kann sich kein Tier verletzen, und die Einstreu bleibt dort, wo sie hingehört.

TÜREN FERTIGEN UND ANBRINGEN

Sechs kleine Türen ermöglichen separaten Zugriff auf jede Etage. Dafür fertigt man aus Glattkantbrettern (waagerecht 5 cm und senkrecht 8 cm breit) je zwei Holzrahmen in

a

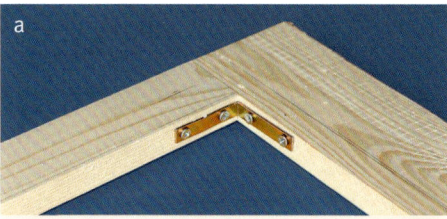

b

c

Bild 2a–c: Türen mit bissfestem Draht sichern.

Bild 4: Bei aufgeklappter Rampe können die Zwerge allein in den Auslauf spazieren.

Bild 3: Die Rampe in geschlossenem Zustand.

den Maßen 88 × 56 cm, 88 × 51 cm und 88 × 64 cm. Die Bretter werden stumpf aneinandergesetzt und durch Anschrauben kleiner Winkel auf der Innenseite verbunden (➜ Bild 2a). Jetzt den Volierendraht zuschneiden und in kurzen Abständen antackern (➜ Bild 2b). Aus Sicherheitsgründen sollten Sie die Drahtkante eventuell mit einer Holzleiste verkleiden (➜ Bild 2c). Dies ist vor allem dann erforderlich, wenn Sie statt Volierendraht den sogenannten Kaninchendraht verwenden, der sehr instabil ist und bei dem spitze und scharfkantige Ecken abstehen können. Die Türen werden mit Scharnieren so an den Eckpfosten des Regals befestigt, dass sie sich um 180 Grad öffnen lassen. Damit erleichtern Sie sich die Reinigung der Kaninchenwohnung. Als Verschluss bringt man kleine Haken an, die in am Mittelteil (➜ Bild 3) angebrachte Ösen einrasten.

MITTELTEIL MIT AUSSTIEG

Die Front des Eckregals besteht aus zwei Holzrahmen, die mit je vier Schrauben befestigt werden, die sich für den Großputz aber schnell entfernen lassen. Der obere

Holzrahmen (81 × 35 cm) wird wie die Türen mit Draht bespannt, der untere Rahmen (90 × 35 cm) erhält auf Höhe des zweiten Eck-Regalbodens einen zusätzlichen Holz-

Bild 5: Der Auszug erleichtert den Aufstieg.

Bild 2: Holzausschnitt für den Aufgang in die obere Etage.

Bild 1: Blick auf die Anordnung der Regalböden.

Bild 3: Rampensicherung mit Haken und Ösen.

steg und wird im unteren Bereich ebenfalls mit Draht bespannt. Die verbleibende Öffnung verschließt man mit dem größeren Leimholzbrett so, dass es mit dem 20 cm langen Türscharnier aufgeklappt werden und den Bewohnern als Ausstiegsrampe dienen kann. Für Trittsicherheit sorgen aufgenagelte Holzleistchen. Kleben Sie auf die geschlossene Klappe zusätzlich drei U-Profile (18 cm und 2 × 46 cm) so auf, dass sich das schmale Leimholzbrett einschieben lässt. Dann kann die Rampe nach Belieben verlängert und damit der Anstiegswinkel flacher gehalten werden (➜ Bild 3–5, Seite 31). Eingefräste Nuten sorgen für die nötige Haftung, ohne die Funktion zu beeinträchtigen. **Hinweis:** Sichern Sie gegebenenfalls auch die offene Vorderfläche zwischen dem 3. und 4. Eck-Regalboden mit Draht (➜ Bild 5, Seite 31). Ältere Kaninchen, die nicht mehr gut sehen, könnten hier sonst abstürzen.

Innenausbau

Dank der besonderen Anordnung der Regalböden können sich die Zwerge auf zwei durchgängigen Rennstrecken austoben. Die zusätzlichen Eck-Regalböden erweitern die Lauffläche (→ Bild 1) und erlauben den Tieren den Sprung auf die nächste Etage. Sechs Rampenaufgänge stellen sicher, dass auch Senioren und Patienten alle Stockwerke nutzen können. Dazu spart man an den beiden rechteckigen Regalböden auf der rechten Regalseite 20 × 30 cm große Ausschnitte (Randabstand 4 bzw. 10 cm) aus, was mit der Stichsäge eine leichte Übung ist (→ Bild 2, Kreis). Setzen Sie an den Ecken zuerst vier Hilfsbohrungen mit dem 8-mm-Bohrer, damit die Säge gut greift und wendet. Auf die 60 × 20 cm großen Rampen nagelt man kleine Holzleisten, um die Trittsicherheit zu verbessern. Die Aufgänge werden mit Haken und Ösen befestigt, sodass sie sich bei Bedarf leicht entfernen lassen (→ Bild 3). Damit beim Öffnen der Tür keine Einstreu herausfällt, klebt man 5 cm lange U-Profile rechts und links an die Türpfosten und schiebt 80 × 5 cm große Glattholzleisten ein, die sich zum Reinigen einfach herausnehmen lassen (→ Bild 4).

EINRICHTEN UND GESTALTEN

Bei nicht stubenreinen Tieren empfiehlt es sich, die Böden mit einer ungiftigen Lasur zu versehen. Hierzu eignen sich Bienenwachs, Leinöl und sogenannter Sabberlack, der auch für Kinderspielzeug Verwendung findet. Tragen Sie die Lasur mehrfach auf, um für ausreichenden Schutz zu sorgen. Alternativ kann man den Boden so mit PVC auslegen, dass die Nagezähne keine Angriffsfläche finden. Neues PVC vorher ausdünsten lassen. Wählen Sie die Einrichtung (→ Bild, Seite 28) sorgfältig aus. Sperrige Möbel, die viel Platz in Anspruch nehmen, gehören nicht in einen Etagenbau. Sinnvoll sind eine Rückzugsmöglichkeit für jeden Zwerg, eine kleine Buddelkiste und eine Wanne mit Einstreu. Zu viel Spielzeug schränkt die Bewegungsfläche ein – lieber öfter einmal austauschen. Für Abwechslung sorgen unterschiedliche Bodenstrukturen auf den einzelnen Ebenen. Hier bieten sich Steinmatten, Fliesen und Korkplatten, aber auch eine gängige Einstreu oder der Mix aus bekömmlichen frischen Blättern und trockenem Laub an. Dicke Holzscheiben sind nicht nur eine tolle Deko und beliebte Knabberkost, sie unterstützen auch den Krallen- und Zahnabrieb der Kaninchen.

Tipp: Befestigen Sie mehrere Möhrenhalter (Zoofachhandel) an den Innenwänden. Hier kann man frische Zweige oder Grünkost einstecken, ohne den Freilauf der Bewohner zu behindern (→ Bild, Seite 28).

Bild 4: Leichte Entnahme der Schmutzleisten.

Ein abenteuerlicher Ausgang für die ganz mutigen Zwerge.

Fantastisches Kletterwunderland, das jede Menge Spiel, Spannung, Sport, Spaß und Erholung bietet.

Zwei in einem –
Wohnen und Spielen

Wenn der Platz für Ihre Zwerge beschränkt ist, sollten Sie ihn so effektiv wie möglich nutzen und das Kaninchengehege sinnvoll einrichten. Bevorzugen Sie Mobiliar, das mehrere Funktionen vereint und sich nicht nur als Wohnung, sondern auch für Spiel und Beschäftigung eignet. Auf diese Weise können Sie den Zwergen Unterhaltung und Abwechslung bieten, ohne die Lauffläche einzuschränken. Achten Sie beim Kauf des Inventars nicht nur auf Schönheit, sondern

vor allem auf die richtige Größe, gute Verarbeitung und nagefreundliches Material. Häuschen mit Spitz- oder Kuppeldächern sehen für uns schick aus, doch Kaninchen mögen erhöhte Plätze mit guter Aussicht, die nur Flachdächer bieten können. Auch Fenster sind völlig unnötig. Beobachten Sie, mit welchem Inventar sich Ihre Kaninchen regelmäßig beschäftigen und was ihnen Spaß macht. Entfernen Sie ungenutzte Möbel, um mehr freien Platz zum Hoppeln zu schaffen.

Bau-anleitung

Zwergen-Treppenhaus

Praktisch, relativ leicht nachzubauen und alles andere als langweiliger Standard – diese Kriterien erfüllt unser witziges Zwergen-Treppenhaus. Die Basis des Treppenhauses bildet ein Stufen-Regalrahmen, den Sie im Möbelhaus kaufen können. Die ganz coolen Zwerge erobern das neue Möbelstück im Sturm. Die etwas ängstlichere Fraktion und die eingeschworenen Klettermuffel brauchen ein bisschen Zeit, bis sie in alle Höhenlagen vorstoßen.

ARBEITSMITTEL

- ☐ Akkuschrauber
- ☐ Stichsäge
- ☐ Handkreissäge
- ☐ Zollstock
- ☐ Bohrer, Ø 3,0 mm zum Vorbohren
- ☐ Bohrer, Ø 8,0 mm zum Ansenken
- ☐ Bleistift
- ☐ Zirkel
- ☐ feines Schleifpapier

ARBEITSMATERIAL

- ☐ 1 Stufen-Regalrahmen in der Größe 94 × 91 × 44 cm (Höhe × Breite × Tiefe)
- ☐ 6 Regalböden, 42 × 30 cm
- ☐ 2 Plastikwannen, 42 × 30 × 10 cm
- ☐ 1 Leimholzbrett, ,20 × 35 × 1,8 cm
- ☐ 2 Metallwinkel, 7 × 12 × 10 cm
- ☐ 16 Universalschrauben, 4 × 50 mm
- ☐ 1 PVC-Rohr, Ø 125 mm, 1 m lang, mit 2 Bögen von 45° und 1 Bogen von 30°
- ☐ 1 Scharnier von 25 cm Länge mit zugehörigem Befestigungsmaterial
- ☐ ungiftiger Leim
- ☐ Teppichreste

Schritt 1: Bei den Einzel-Elementen des Stufen-Regalrahmens bringen Sie mit der Stichsäge an den beiden Zwischenwänden und der niedrigen Außenwand Öffnungen gemäß Zeichnungen 9a–c (➜ Seite 73–74) an. Setzen Sie dazu dicht an den Eckpunkten zunächst zwei Hilfsbohrungen mit dem 8-mm-Bohrer, damit die Stichsäge greifen und gut wenden kann. Wenn Sie sich eine Schablone anfertigen, fällt das Anzeichnen der Öffnungen leichter.

Schritt 2: Bringen Sie in diesem Schritt in einen Regalboden eine Öffnung gemäß Zeichnung 10 (➜ Seite 74) ein.

Bild 1: Grundaufbau des Stufen-Regalrahmens.

Schritt 3: Mit der Handkreissäge wird ein Regalboden auf das Maß 30 × 22 cm zugeschnitten und mit der Stichsäge eine kreisrunde Öffnung gemäß Zeichnung 11 (→ Seite 74) eingebracht.

Schritt 4: Entgraten Sie alle Schnittflächen mit feinem Schleifpapier.

Schritt 5: Nun muss der Regalrahmen laut Anleitung aufgebaut werden. Setzen Sie drei unbearbeitete Regalböden so ein, dass die Zwergkaninchen durch die Öffnungen in den Regalwänden in den nächsten Wohnbereich hoppeln können. Schieben Sie die Plastikwannen in die unterste Etage. Sie werden später mit Einstreu, Heu, Stroh oder Sand gefüllt und dienen als Kuschelnest, Buddelkiste oder Toilette (→ Bild 1, Seite 35).

Schritt 6: Der letzte unbearbeitete Regalboden wird mit dem Scharnier am unteren Regalboden des höchsten Treppenabsatzes angebracht. Beim Aufklappen kann man das Brett mitsamt dem anderen Regalboden ein Stückchen in der Nut zurückschieben. So ist es sicher fixiert, und die Plastikwanne lässt

> ## Tipp
>
> Nicht jeder Kaninchenhalter verfügt über perfekte Heimwerkertalente. Trotzdem müssen Ihre Zwerge nicht auf eine **originelle Einrichtung** verzichten. Schauen Sie nach Alltagsgegenständen, die sich ohne viel Aufwand umfunktionieren lassen. So wird der Strumpf zum **lustigen Heuspender,** der alte Pullover zum **gemütlichen Kuschelplatz** oder ein ausrangiertes Tischchen mit ein paar Handgriffen zum Unterstand.

sich zur Reinigung mühelos herausziehen. Die Klappe kann auf diese Weise auch als kleine Veranda oder Sprungbrett genutzt werden (→ Bild 2 und 3).

Schritt 7: Befestigen Sie die beiden Regalböden mit den Öffnungen wie in Bild 4 am

Bild 2: Vorderbrett mit Scharnier anbringen.

Bild 3: Wannenentnahme über Klappfunktion.

Bild 5: Montage des Aufgangs aus PVC-Rohr und den passenden Bögen.

Bild 4: Anschrauben der Regalböden.

Regalrahmen. An den Ecken werden jeweils vier Schrauben leicht schräg eingeschraubt. Bohren Sie mit dem 3-mm-Bohrer vor, und senken Sie die Schrauben dann mit dem 8-mm-Bohrer so tief an, dass die Schraubenköpfe nicht mehr hervorstehen.

Schritt 8: In diesem Schritt wird ein PVC-Bogen von 45 Grad bis zum Anschlag von innen durch die obere runde Öffnung geschoben. Den zweiten 45-Grad-Bogen steckt man dann fest auf.

Schritt 9: Das PVC-Rohr und der 30-Grad-Bogen werden mit der Stichsäge so weit längs aufgeschnitten, dass die Kaninchen problemlos hoch- und hinunterlaufen können. Beide Teile entgraten und ebenfalls aufstecken (➥ Bild 5).

Schritt 10: Da die erste Stufe des Treppenhauses relativ hoch ausfällt, erhält sie einen kleinen zusätzlichen Tritt. Dazu verwendet man das Leimholzbrett und schraubt es mit den beiden Winkeln in einer Höhe von ca. 23 cm an (➥ Bild 6).

Schritt 11: Für mehr Trittsicherheit sollten Rohraufgang und Stufen mit Teppichresten beklebt werden (➥ Bild, Seite 34).

Schritt 12: Geschafft! Jetzt noch die Handwerksgeräte und Arbeitsmittel wegräumen, und schon können Sie das Treppenhaus der Zwergenbande zur Erkundung freigeben. Welches Kaninchen traut sich als erstes in luftige Höhen und genießt die Aussicht?

Hinweis: Platzieren Sie das Treppenhaus nicht direkt neben einer Gehegeabtrennung, weil sonst das Mobiliar als »Sprungbrett« in unerlaubte Gefilde genutzt werden könnte.

Bild 6: Befestigung des Trittbretts mit Winkeln.

Multifunktionsmöbel mit Pfiff

Ein Mobiliar, das sich für unterschiedlichste Aktivitäten nutzen lässt, ist ganz nach dem Geschmack der quirligen und naseweisen Zwerge. Langeweile kommt so garantiert nicht auf. Ob Kletterpartie, Versteckspiel oder Siesta – hier findet jeder sein Lieblingsinventar. Eine Pediküre und den richtigen Schliff für die Zähne gibt es oft gratis dazu. Und manchmal darf man die »geschmackvolle« Einrichtung sogar auffuttern.

An der Kratzwelle können sich die Zwerge so richtig austoben und mit ein wenig Glück bleiben dann auch die Tapeten von Krallenattacken verschont.

Beim Kauf eines Kratzbaums müssen Sie unbedingt auf die geeignete Höhe und eine kaninchenfreundliche Anordnung der Etagen achten.

Große Korkröhren sind nicht ganz billig, aber dafür langlebig, dekorativ und sehr gut zu reinigen. Die Investition lohnt sich also in jedem Fall. Die Röhren dienen nicht nur als Unterschlupf, die grobe Struktur lädt auch zu kleinen Kletterpartien ein. Annagen erlaubt!

Perfekter Rundumblick. Häuser mit Flachdach bieten nicht nur gemütlichen Unterschlupf, sondern auch die von den Zwergen heiß begehrten Aussichtsplätze, die man mit einem Hops in Besitz nehmen kann. Von hier aus lässt sich die Umgebung ganz genau unter die Lupe nehmen.

Grasröhren gibt es in verschiedenen Größen, sodass auch kleine Moppel ungehindert hindurchflitzen können. Haben die Zwerge genug gespielt, wird der leckere Tunnel mit Begeisterung aufgefuttert.

Im Weidentunnel kann man sich toll verstecken und ein Nickerchen halten. Ab und zu kommt leider ein Kumpel vorbei, der den Tunnel tüchtig durchrüttelt.

Tunnel nach Maß aus Teppichresten. Einfach im gewünschten Durchmesser aufrollen und mit einem Strick fixieren.

Echte Pfotenerlebnisse bietet diese aus mehreren Materialien selbst gebaute Brücke. Die unterschiedlichen Bodenstrukturen unterstützen den wichtigen Krallenabrieb und ersparen die lästige Pediküre.

SAFTIGES, GRÜNES GRAS IST DIE LEIB- UND MAGENSPEISE ALLER KANINCHEN.

Outdoor – die ganz große Freiheit

Auch wenn die Indoor-Villa noch so aufregend gestaltet ist, die große Kaninchenfreiheit gibt es nur draußen: Durch den Garten flitzen, nach Herzenslust buddeln und alle Jahreszeiten »fellnah« erleben – viel mehr braucht ein Zwerg nicht zu seinem Glück.

Eingelassene Gitter schützen vor Ein- und Ausbruch.

Gut strukturiert und eingerichtet, wird ein großes Freigehege zur Wohlfühloase für die Zwerge.

Darauf müssen Sie bei Außenhaltung achten

Da gibt es viele aufregende Gerüche und Geräusche, jede Menge Platz zum Herumtollen und tausend geheimnisvolle Ecken, die unbedingt entdeckt werden müssen: Das Glück der Zwerge heißt Außenhaltung. Die Zeit im Freien regt die Sinne der Tiere an, und nicht selten überraschen sie ihren Halter mit völlig neuen Verhaltensweisen. Der große Aktionsradius wirkt sich positiv auf die Verdauung aus, hält den Bewegungsapparat in Schuss und beugt Atemwegsproblemen vor. Gesundes Nagematerial pflegt Zahnfleisch und Zähne, unterschiedliche Bodenstrukturen ersparen das lästige Krallenschneiden. Doch Außenhaltung hat auch ihren Preis. Sie nimmt viel mehr Zeit in Anspruch als die Wohnungshaltung und ist mit höheren Kosten verbunden. Die wichtigsten Zusatzforderungen sind Sicherheit und Wetterschutz für die Freigänger.

Rundum gesichert: Bei Kaninchen darf man die drei »d« nie vergessen: drüber, drunter und durch. Engmaschiger, bissfester Draht auf allen Seiten sorgt dafür, dass kein

Feind eindringt und kein Zwerg heimlich türmt. Alternativ kann man den Untergrund mit Betonplatten oder durch eingelassene Seitengitter sichern.

Warm und geschützt: Der Standort der Hütte muss vor Wind und Wetter geschützt sein. Für drei bis vier Kaninchen reicht eine Innenfläche von einem Quadratmeter aus. Die Hütte wird nur durch die Körperwärme der Tiere »beheizt«. Sie muss aus mindestens zwei Zentimeter starkem Holz oder doppelwandig gebaut sein und mit Styropor isoliert werden. Bohrungen im oberen Teil sorgen für ausreichende Belüftung, eine Trennwand im Eingang schützt vor Zugluft. Polstern Sie die Hütte mit reichlich Heu und Stroh aus. Kombiniert mit einem großzügigen Aktionsradius zum Warmlaufen, überstehen die Zwerge so auch strenge Winter.

DER PASSENDE GEHEGETYP

Bei Gehegen mit kleiner Grundfläche sollten Sie eine externe Schutzhütte vorsehen, um die Lauffläche der Tiere nicht zu schmälern.
Flachgehege: Gut geeignet für kleine Gärten. Die Kosten für Bau und Unterhalt sind überschaubar. Zwangsläufig sind die Gestaltungsmöglichkeiten und der Einbau von Etagen und erhöhten Plätzen begrenzt.

Wegen der geringen Größe erweisen sich Einrichtung, Versorgung und Reinigung trotz aufklappbarer Dächer oft als schwierig.
Tipp: Gehege aus dem Zoofachhandel eignen sich meist nur für den stundenweisen Aufenthalt im Freien, können aber nachgerüstet werden. Kriterien sind die mindestens 4 m^2 große Lauffläche für zwei Bewohner, eine gut isolierte Schutzhütte und die stabile Bodenabsicherung (➥ oberes Bild, unten).
Begehbare Gehege: Diese Gehegetypen verlangen viel Platz, doch der weite Aktionsradius ermöglicht eine gute Strukturierung und den Einbau vieler Ebenen. Im Gehege kann man aufrecht stehen, was sämtliche Tätigkeiten erleichtert. Bau und Unterhalt sind kostenintensiv. Wegen der Größe und der festen Installation ist eventuell eine Genehmigung der Gemeinde notwendig.

Oben: Wintertauglich aufgerüstete Kombi von zwei Freigehegen aus dem Zoofachhandel. Ganz links: Begehbares quaderförmiges Gehege in Hausnähe. Links: Beidseitig zugängliches Pyramidengehege mit Teilüberdachung.

Aufgeklebte Korkplatten mindern die Rutschgefahr

Der Lauf über die leicht schwankende Hängebrücke fordert Mut und Geschick und ist nichts für Hasenfüße.

Clevere Einrichtungsideen

Ein pfiffig gestaltetes Outdoor-Gehege ist nicht nur das ideale Wohnparadies für die Zwerge, sondern auch ein echtes Highlight in Ihrem Garten. Verwenden Sie bei der Einrichtung möglichst viele Naturmaterialien. Sie passen optisch gut in jedes Außengehege, trotzen Wind und Wetter und sind bei den Kaninchen sehr beliebt. Achten Sie bei der Auswahl auf Funktionalität, Sicherheit und leichte Reinigung. Schränken Sie die Lauffläche im Gehege nicht mit Objekten ein, die vielleicht gut aussehen, aber unprak-

tisch sind. Oft sind es gerade die einfachen Dinge, die Kaninchenherzen hüpfen lassen. Regelmäßige Umgestaltungen sorgen für Abwechslung im Zwergenalltag. Oft genug strukturieren die Bewohner ihr Heim auch selbst um. Da wird gebuddelt, das Unterste zuoberst gekehrt und alles Bewegliche hin und her geschoben. Versuchen Sie nicht, die alte Ordnung wiederherzustellen, denn die Zwerge zeigen unermüdlich ihre Talente als Baumeister. Akzeptieren Sie ihren Wohnstil, das erspart Ihnen viel Arbeit und Nerven.

Hängebrücke

Sie möchten Ihren Schützlingen gern eine originelle und funktionelle Einrichtung bieten, verfügen aber nicht über die nötigen handwerklichen Fähigkeiten? Dann gehen Sie doch einfach beim nächsten Einkauf auf Entdeckungstour nach Objekten, die sich mit wenigen Handgriffen zu tollen Kaninchenmöbeln umrüsten lassen.

FÜR UNSERE HÄNGEBRÜCKE BENÖTIGEN SIE:

2 Tritthocker, 45 × 39 × 48 cm; Halbrundpalisaden im Verbund, 30 cm breit, ca. 110 cm lang; 4 Leimholzbretter, 45 × 20 × 1,8 cm; 2 Dachlatten, 40 × 20 cm, 180 cm lang; je 4 Haken und Ösen; 16 Universalschrauben, 4 × 50 mm; Handkreis- und Stichsäge; Schrauber; Bohrer; Schleifpapier

Schritt 1: Bauen Sie die Tritthocker (aus Möbelhaus oder Baumarkt) ohne das erste Stufenbrett auf.

Schritt 2: Die vier Leimholzbretter werden mit der Handkreissäge nach Zeichnung 12 (➙ Seite 74) zugeschnitten und mit Schleifpapier entgratet. Legen Sie je zwei anstelle der mitgelieferten unteren Stufenbretter ein (➙ Bild 1).

Schritt 3: Die Bretter mit je vier Schrauben von oben befestigen: Mit dem 3-mm-Bohrer vorbohren, dann mit dem größeren Bohrer ansenken, damit die Schraubenköpfe verschwinden (➙ Bild 2).

Schritt 4: Jeweils am obersten Tritt zwei Ösen und passend dazu an den Halbrundpalisaden an beiden Enden je zwei Haken anbringen (➙ Bild 3).

Schritt 5: Palisaden zwischen den Tritthockern einhängen und Hängebrücke ausrichten. Nun zwei entsprechend lange Holzlatten an die Außenkanten der Tritthockerbeine (➙ Bild links) schrauben, damit auch dann nichts kippt, wenn schwergewichtige oder übermütige Zwerge die Hängebrücke benutzen. Auch hier vorbohren und ansenken.

Schritt 6: Mit einem wetterfesten Anstrich sorgen Sie für eine lange Lebensdauer der Brücke.

Hinweis: Bei Tritthockern mit Eingriff Öffnung verschließen, damit sich kein Tier verletzen kann.

Treppen und Rampen

In hohe Gehege kann man zusätzliche Ebenen einbauen. Sie erweitern nicht nur den Aktionsradius der Zwerge, sondern schaffen auch begehrte Aussichtsplätze. Achten Sie darauf, dass alle Tiere den Zugang zur wetterfesten Schutzhütte bequem erreichen können. Bei einem Anstiegswinkel von 30 bis 35 Grad meistern selbst Senioren und in der Bewegung eingeschränkte Patienten die Aufgänge problemlos. Bieten Sie Ihren Zwergen aber auch anspruchsvollere Treppen und Anstiege an. Das fördert gleichermaßen Fitness, Geschicklichkeit und Balance. Prinzipiell gilt für alle Aufgänge: Nicht zu schmal, nicht zu glatt, nicht zu steil und stets gut befestigt. Kontrollieren Sie bitte regelmäßig alle Aufgänge auf ihre Tragfähigkeit, sichere Befestigung und Trittsicherheit. Im Outdoor-Bereich hinterlassen Wind und Wetter ihre Spuren. Ein ungiftiger Anstrich schützt vor frühzeitiger Verwitterung. Die kontinuierliche Arbeit eifriger Nagezähne sollten Sie aber auch nicht unterschätzen.

Die Klassiker: Die einfachste Lösung für sichere Aufgänge sind Rampen aus Holz (➟ Bild 3). Trittsicherheit schaffen Sie hier durch das Aufkleben, Aufschrauben oder Aufnageln kleiner Holzleisten oder das Einbringen von Nuten. Letzteres klappt am einfachsten mit der Handkreissäge. Alternativ finden Sie im Zoofachhandel fertige Rampen, die auch den nötigen Grip bieten (➟ Bild 2).

Step by Step: Treppen sind bei den Zwergkaninchen sehr beliebt. Die Stufen können aus Holz gefertigt werden (➟ Bild 1), oder man schichtet Ytong- und Backsteine kippsicher zur Steintreppe auf. Die Zwerge erobern jede Treppe im Sturm.

Auf einen Hops: Den Sportskanonen unter Ihren Zwergen machen Sie mit verschieden hohen Sitzhockern eine Riesenfreude (➟ Bild 4). Die bieten eine tolle Aussicht und erlauben den Sprung in die oberen Etagen. Aufgenagelte Korkplatten vermindern bei glatten Flächen die Rutschgefahr.

Auf der schiefen Bahn: Originell, aber als Aufstieg nicht minder funktionstüchtig ist eine große Dachrinne (➟ Bild 5). Schneiden Sie mit der Blechschere an einer Seite eine Lasche aus, die Sie dann im passenden Winkel nach hinten umbiegen. Anschließend kann die Rinne mit zwei Schrauben sicher an jedem Etagenbrett befestigt werden. Aufgeklebte Teppichreste geben den Zwergenfüßen den nötigen Halt.

Hier wird aus dem Auf- und Abstieg eine gewagte Kletteraktion. Nicht geeignet für bewegungseingeschränkte Zwerge.

1 Eine Freitreppe aus Holz ist schnell gefertigt. Achten Sie aber auf eine stabile Konstruktion. Untergeschraubte Winkel schaffen ausreichende Sicherheit. Höhe, Tiefe und Breite der Stufen sollten der Größe Ihrer Zwerge angemessen sein. Sportskanonen nehmen zwei Stufen auf einmal.

2 Zwei aneinandergesetzte Rampen aus dem Zoofachhandel. Die Aufgänge lassen sich beliebig durch weitere Rampen verlängern und verbreitern. Die besandete Lauffläche unterstützt den Krallenabrieb.

3 Mit Holzrampen meistern die Zwerge jede Anhöhe. Aufgenagelte kleine Leisten vermindern die Rutschgefahr. Der ideale Zugang zu erhöhten Schutzhütten.

4 Die Alternative zu Rampen und Co.: Alte Blumenhocker auf passende Höhe kürzen und mit Korkplatten bekleben.

5 Ein Aufgang der besonderen Art. Eine kuhlenförmige Dachrinne vermittelt auch Angsthasen Sicherheit. Die eingeklebten Teppichreste geben den Krallen Halt.

Möbel mit dem grünen Punkt

Was passt besser ins Außengehege als ein Mobiliar aus Naturstoffen! Das begeistert nicht nur die Zwerge, es hält auch Wind und Wetter stand und ist meist zum Nulltarif zu haben. Beim nächsten Waldspaziergang stö- bern Sie garantiert eine attraktive Wurzel oder Astgabel auf. Auch im Zoofachhandel und Baumarkt finden sich tolle Dinge, die man wunderbar für eine fantasievolle und natürliche Gehegegestaltung nutzen kann.

Beetrollis sind Halbpalisaden, die durch Metallbänder verbunden sind. Spiralförmig aufgestellt ergeben sie ein tolles Schneckenlabyrinth für neugierige Zwerge.

Dieses Kleintierhaus bietet nicht nur einen geräumigen Unterschlupf, sondern auch eine Dachterrasse mit fantastischer Aussicht.

Im Handumdrehen gebaut: gemütlicher Unterschlupf in Zeltform aus vier groben Korkplatten. Eine Dachlatte unter dem First erhöht die Stabilität. Die Unterlage aus Fliesen sorgt im Sommer für angenehme Abkühlung; im Winter schützt eine Holzeinlage vor Nässe und Kälte.

Besonders an heißen Sommertagen sind die kühlen Plätzchen in unserem Erdstollen sehr begehrt. Ein angeschlossenes PVC-Rohr (rechts im Foto) dient als Notausstieg. Nach dem Relaxen können die Zwerge zu einer kleinen Kletterpartie auf dem befestigten Steinberg starten.

Ein toller Abenteuerspielplatz mit echtem Höhlenfeeling. Die Zwerge flitzen hindurch, klettern darauf herum, liegen faul in der Sonne oder ziehen sich für ein kleines Nickerchen ins Innere zurück.

Die idyllische Wasserstelle im Schatten eines Haselnussstrauchs ist für unsere Kaninchen zu einer echten Wohlfühloase geworden, die zum Erfrischen und Verweilen einlädt.

Eine Astgabel mit Kartoffelsäcken bespannen – fertig ist das Tipi. Das Zelt hält auch einem Regenschauer stand.

Mit wetterfester Farbe behandelt, eignen sich die Module aus dem Indoor-Bereich auch gut für den Einsatz im Garten. Zusätzliche Bohrungen sorgen im Sommer für ausreichende Belüftung.

MÄNNCHEN MACHEN VERSCHAFFT SELBST DEM KLEINSTEN ZWERG EINEN GUTEN ÜBERBLICK.

Spiel, Sport und jede Menge Spaß

Start frei für das große Spiel- und Sportprogramm: Mit dem richtigen Beschäftigungsangebot erleben Ihre Zwergkaninchen jeden Tag neue aufregende Abenteuer. Langeweile und Müßiggang haben hier keine Chance.

Schnelle Höhenregulierung durch Metallringe und Karabinerhaken.

Prima Plätzchen zum Schlafen und Relaxen. Lange unbesetzt bleibt die Hängematte nie.

Top-Angebote
für Alleinunterhalter

Kein Halter kann rund um die Uhr für seine Kaninchen da sein. Dauerbetreuung ist auch nicht nötig, denn die Zwerge beschäftigen sich gut alleine. Reizvolle Aktionsangebote sind aber immer gefragt. Der Fachhandel bietet ein buntes Sortiment an geeigneten Spielgeräten, aber auch mit selbst gebastelten Objekten kann man die Neugier der Fellnasen wecken und ihren Forschertrieb befriedigen. Für Fitness und Gesundheit wird dabei auch gesorgt. Nicht jedes Spielzeug wird auf Anhieb begeistert akzeptiert.

Manchmal dauert es Tage, bis ein vorwitziger Zwerg ausprobiert, wozu das neue Ding eigentlich taugt. Dann wird es vielleicht zum Dauerbrenner und bringt neuen Schwung in den Kaninchenalltag. Oder es fällt beim Eignungstest durch und bleibt unbeachtet in der Ecke liegen. Bei der Außenhaltung der Zwerge steht Herumtoben ganz oben auf der Hitliste der Freizeitaktivitäten. Eine großzügige Rennstrecke wird nur noch von der riesigen Buddelkiste getoppt, in der sie ihre Wühlleidenschaft ausleben können.

Näh-anleitung

Wende-Hängematte

So aktiv und quirlig Zwergkaninchen sind – sie genießen auch ihre Ruhephasen. Was gibt es da Besseres, als an einem gemütlichen Plätzchen »voll abzuhängen«. Eine Hängematte ist dafür genau richtig. Und ihre Anfertigung macht auch keine großen Probleme. Wer gar nicht nähen mag, funktioniert einfach ein kleines Handtuch um.

FÜR UNSERE WENDE-HÄNGEMATTE BENÖTIGEN SIE:

reißfesten Stoff in zwei verschiedenen Designs; Papier für die Schablone; Lineal und Stift zum Anzeichnen; Stecknadeln; Schere; Nähmaschine, Nadeln und Garn; 8 Rundösen, $\varnothing$ ca. 8 mm; Loch- und Ösenzange; mehrere Metallringe; 4 Karabinerhaken

---

Schritt 1: Schneiden Sie einen Zeitungspapierbogen auf das Maß 55 × 40 cm zu, und schneiden Sie die Ecken ab (Eckabstand ca. 8 cm). Befestigen Sie diese Schablone mit Stecknadeln auf dem Stoff, und schneiden Sie zwei Stoffteile in der gleichen Größe, aber mit unterschiedlichem Design zu (➔ Bild 1). Am besten eine Winter- und eine Sommerseite, also die Kombination von kühlendem und wärmendem Material, beispielsweise Leinen- und Fleecestoff. Beide Stoffe sollten bei 60 Grad waschbar sein.

Hinweis: Bitte neue Stoffe immer vorwaschen!

Schritt 2: Stoffe mit der »guten« Seite nach innen aufeinanderlegen und bis auf eine Ecke zunähen.

Schritt 3: Den Stoffsack wenden, den Saum an der noch geöffneten Seite knapp nach innen einschlagen und ebenfalls zunähen.

Schritt 4: Zeichnen Sie an den Ecken (Randabstand ca. 3 cm) den Sitz der Ösen an, und bringen Sie mit der Loch- und Ösenzange acht Ösen ein (➔ Bild 2).

Schritt 5: Führen Sie jeweils einen Metallring durch zwei benachbarte Ösen. Je nach Aufhängemöglichkeit können weitere Ringe ergänzt werden. Den Abschluss der vier Ketten bildet je ein Karabinerhaken, mit dem sich die Hängematte überall sicher befestigen lässt (➔ Bild 3).

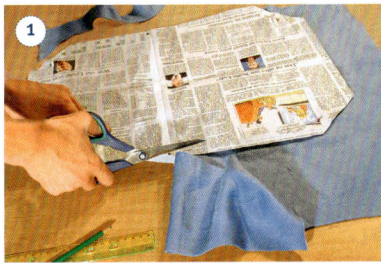

Solospiele und Kuschelplätze

Interessante und knifflige Solospiele sind ein prima Zeitvertreib für die Kaninchen. Im Zoohandel gibt es ein vielfältiges Sortiment. Höhlen ziehen die Zwerge magisch an. Daher stehen Tunnel und Röhren ganz oben auf der Hitliste. Auch Pfotenspiele finden begeisterten Zuspruch. Mit vollem Körpereinsatz wird unermüdlich gerollt, geschubst und gekickt. Und nach den wilden Spielen locken kuschelige Plätze zum Relaxen.

Ob aus dem Zoofachhandel oder selbst genäht – Kuschelsäcke sind bei den Zwergkaninchen der absolute Renner. Und die XXL-Variante bietet genug Platz für zwei.

Tunnel und Röhren sind heiß begehrt, denn Höhlen ziehen Zwergkaninchen magisch an. Das Glück perfekt machen mehrere Ausgänge.

»Casanova« stürzt sich mit Vorliebe auf alles aus Papier. Alte Telefonbücher sind sein besonders beliebter Schredderstoff. Mit Feuereifer reißt er die Seiten in kleine Streifen und verteilt sie überall im Zimmer. Vielleicht verbirgt sich auch unter Ihren Zwergen ein kleiner Fetzteufel.

Ein echter Kraftakt. Weiden- und Holzhanteln fordern zum Hineinbeißen auf, und man kann sie prima herumschleudern oder mit einem kräftigen Tritt quer durchs ganze Gehege kicken. Vorsichtshalber den Kopf einziehen, denn Querschläger sind dabei nicht ausgeschlossen.

Nicht nur für die Katz': Auch die Kaninchen finden gemütliche Kuschelliegen toll, die man an der Wand befestigen oder am Heizkörper einhängen kann. Der erhöhte Standort bietet einen guten Überblick.

Bunte Weidenbälle bieten den Hopplern Langzeit-Spielspaß. Und die Schelle im Inneren sorgt bei jedem Kick für musikalische Unterhaltung.

Ein Wühlparadies für Zwerge. Wählen Sie nur Materialien, an denen die Tiere nicht mit den Krallen hängen bleiben.

Ein Grasbett aus dem Zoofachhandel. Bei Doppelbesetzung wird es eng, doch kein Zwerg gibt freiwillig das gemütliche Plätzchen auf, das man ganz nebenbei auch noch genüsslich auffuttern darf.

Geht ganz fix: Kartonstadt

Mit stabilen Kartons und Pappröhren kann man ohne viel Aufwand nette und billige Unterschlupfe basteln, aber auch ganze Kartonstädte errichten. Für die Ewigkeit sind die Bauten natürlich nicht gedacht. Irgend- wann haben die Zwerge genug gespielt, zerlegen die Papphäuser in ihre Bestandteile und knabbern sie an. Verwenden Sie deshalb nur ungefärbte Kartons. Wer es bunt mag, kann sie mit ungiftiger Farbe verzieren.

Ob Ritterburg, Märchenschloss oder moderner Wohnkomplex – beim Bau einer Kartonstadt sind den Möglichkeiten und der Fantasie des Erbauers keine Grenzen gesetzt.

Als Basismaterial für die Kartonhäuser dienen stabile Kartons, Papprollen und Verpackungsmaterial in allen Größen und Formen.

Zuerst legt man die Bauvariante fest und zeichnet die nötigen Durchbrüche an. Mit einer Schablone erleichtern Sie sich die Arbeit. Die Öffnungen müssen dem Taillenumfang der Zwerge angepasst werden. Zuschneiden mit Schere oder Cuttermesser. Vorsicht: Verletzungsgefahr für Kinder.

Stabile Pappröhren eignen sich prima als Säulen. Dazu schneidet man die Röhren an beiden Enden mehrmals gleichmäßig ein, biegt die entstandenen Laschen nach außen um und befestigt sie mit doppelseitigem Klebeband an der Boden- und der Deckenplatte des Bauwerks.

Für Vordächer und Balkone reichen zwei Säulen aus. Den Karton in passender Höhe mit einem Schlitz versehen und Deckenplatte einschieben. Die Bodenplatte wird abschließend unter dem Karton fixiert.

Die Öffnungen für Verbindungstunnel sollten möglichst passgenau zugeschnitten werden. Das Einschieben in größere Kartons schafft zusätzliche Stabilität.

Zinnen oder andere Verzierungen für das Zwergenschloss zuschneiden und mit doppelseitigem Klebeband fixieren.

Laufflächen mit Teppichresten bekleben. Das peppt die Kartonstadt nicht nur optisch auf, sondern verschafft den Zwergenfüßen auch einen besseren Halt.

Buntes Gemüse versorgt die Zwerge mit wertvollen Vitaminen.

Das Futterrad lockt mit leckeren Köstlichkeiten. Wer von den Zwergen hat den Dreh am schnellsten raus?

Futterspiele mit dem Fitnesseffekt

Viele Kaninchen in Heimtierhaltung neigen zu Übergewicht. Während sich ihre wilden Verwandten die Nahrung tagtäglich aufs Neue mühevoll selbst suchen müssen, ist der Tisch für unsere Lieblinge immer reich gedeckt. Kalorienreiche Kost und zu wenig Bewegung – und schon wird aus dem ehemals quicklebendigen und schlanken Hoppel ein träger und dicker Moppel. Beugen Sie vor, denn zu viel Hüftgold schadet der Gesundheit der Zwerge. Achten Sie auf gesunde und ausgewogene Kost. Gegen kleine Leckereien

in Maßen ist nichts einzuwenden, Kalorienbomben sollten aber die Ausnahme sein. Mit tollen Futterspielen animieren Sie die Kaninchen zu mehr Bewegung und fördern dabei gleichzeitig Geschick, Köpfchen und Fitness. Aber vergessen Sie die Faulenzer und Sportmuffel nicht. Auch sie brauchen ihre regelmäßige Futterration, vor allem Heu. Die Leibspeise muss den Zwergen immer zur Verfügung stehen, am besten in gut erreichbaren Raufen. Fasten lassen dürfen Sie Ihre Kaninchen nicht, das wäre lebensgefährlich.

Bau-anleitung   Futterrad

Ein Futterrad ist im Handumdrehen gebaut. Extra anfertigen müssen Sie dabei nichts, bei den meisten Bauteilen kann man auf Dinge des täglichen Gebrauchs zurückgreifen. Welcher der naseweisen Zwerge ist clever genug, um das Drehprinzip als Erster zu durchschauen und in den Genuss der leckeren Naschereien zu kommen?

FÜR UNSER FUTTERRAD BENÖTIGEN SIE:

1 Holzteller, drehbar, ⌀ 39 cm; 1 Rundholz, 60 cm lang, ⌀ 3 cm; 8 Rundhölzer, 10 cm lang, ⌀ 10 mm; 1 Standfuß (Weihnachtsbaumständer); Akkuschrauber; Hammer; Säge; Bohrer, ⌀ 3, 8 und 9 mm; Zollstock; Bleistiftspitzer; Bleistift zum Anzeichnen; 2 Universalschrauben, 4 × 50 mm

---

Schritt 1: Auf dem Holzteller (gibt es im Haushaltswarengeschäft) acht Markierungen ähnlich dem Zifferblatt einer Uhr mit 3 cm Randabstand anzeichnen und Löcher mit 9-mm-Bohrer bohren.

Schritt 2: Die angespitzten Rundhölzer werden mit dem Hammer eingeschlagen, bis sie stramm sitzen (➤ Bild 1).

Schritt 3: Im Rundholz sechs Bohrungen im Abstand von 5 cm in einer Linie untereinander vornehmen. Mit 3-mm-Bohrer vorbohren und mit 8-mm-Bohrer ansenken, sodass die Schraubenköpfe später verschwinden.

Schritt 4: Bringen Sie in die kleine Scheibe auf der Rückseite des Holztellers zwei auf der Mittellinie liegende Bohrungen ein. Ihr Abstand zum Drehpunkt beträgt 5 cm.

Schritt 5: Der Stiel wird mit zwei Schrauben am Teller fixiert. Die zusätzlichen Bohrungen dienen zur Höhenregulierung (➤ Bild 2).

Schritt 6: Holzstiel im Weihnachtsbaumständer befestigen, Futterrad mit Leckerlis bestücken und Testlauf starten (➤ Bild 3). Eventuell Höhe des Futterrads regulieren.

Tipp: Im Freien kann man den angespitzten Stiel einfach in den Erdboden einschlagen.

Die leckersten Futterspiele

Futterspiele machen viel Laune und lassen angefutterte Kalorien schmelzen. Klassiker, wie Heurolle, Gemüsespieß und Futterleine, die man leicht selbst basteln kann, gibt es quasi zum Nulltarif. Noch mehr Auswahl bietet der Zoofachhandel – vom einfachen Möhrenhalter bis zum kniffligen Snackball und dem paradiesischen Futterbaum. Marke Eigenbau sorgt für Abwechslung und Förderung der besonderen Art.

Um die selbst gebaute Wippe für kleine Angsthasen attraktiver zu machen, wurde sie durch ein Holzgerüst erweitert, das mit vielen Leckereien lockt. Beim ständigen Auf und Ab ist das Karottenknabbern eine echte Herausforderung.

Aufgepepppter Klassiker: Papphülsen auffädeln, mit Heu füllen und aufhängen. Hier wird das Futtern zum Geschicklichkeitsspiel.

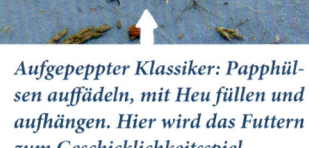

Snackballs sind bei den Zwergen sehr beliebt. Bei jedem Kick purzelt eine kleine Überraschung heraus.

Das Futterkarussell Marke Eigenbau darf gut bestückt werden, denn zum Naschen müssen sich die Zwerge richtig anstrengen. Steht ein Kumpel mit am Buffet, wird es doppelt schwer. Da glaubt man sich im Besitz des Leckerbissens – schwupps dreht sich das Karussell, und man geht leer aus.

Schnelles Essen auf Rädern. Bei der Gemüserolle sind Geduld und Geschick gefragt, denn sie hält partout nicht still. Ganz freche Zwerge stibitzen einfach beim erfolgreichen Kumpel.

Gut befüllt ist dieser im Gehege aufgehängte Gitterball. Es braucht viel Ausdauer und Geschick, um die Leckerbissen im schwingenden Futterspender zu erhaschen.

Zwei Leimholzbretter in T-Form verschrauben und mit Bohrungen versehen – schon ist die Futterwand fertig!

Der Heuspender lässt sich als frei bewegliche Walze einsetzen oder mit der Halterung fest aufstellen. Eine seitliche Öffnung erlaubt schnelles Nachfüllen mit Heu.

Bei den Seilen ist der Einsatz der Zähne gefragt.

Hauruck-Aktion: Mit Cleverness, Geschick und Ausdauer kommt man schließlich doch noch zum Ziel.

Kopfnüsse knacken mit Geschick und Grips

Wer Kaninchen für langweilig und dumm hält, irrt sich gewaltig. Die kleinen Kerle haben es faustdick hinter den Löffeln und überraschen mit ungeahnten Fähigkeiten. In freier Natur sind Cleverness und Lernfähigkeit wichtige Waffen im Kampf ums tägliche Überleben. Kein Wunder, dass sich viele Zwerge bei Intelligenzspielen als wahre Superhirne erweisen. Sie tüfteln so lange, bis sie das Belohnungsleckerli erobert haben. Andere schleichen um das seltsame Ding herum und begutachten alles ganz genau,

um dann doch nichts zu unternehmen. Das hat nicht unbedingt etwas mit Desinteresse zu tun. Diese Zwerge gehören eher zu den »Denkern«, die zuerst einmal ihre aktiveren Artgenossen beobachten und aus deren Fehlversuchen lernen. Irgendwann kommen sie dann herbei und lösen die Aufgabe in null Komma nichts. Akzeptieren Sie aber bitte, wenn sich ein Zwerg überhaupt nicht mit Intelligenzspielen anfreundet. Vielleicht rennt oder klettert er lieber, als sich mit sperrigen Kopfnüssen zu beschäftigen.

Spiel-anleitung

Intelligenz- und Kombinationsspiele

Mit Intelligenzspielen testen Sie die Cleverness Ihrer Zwerge. Die Kopfnüsse sind eine perfekte Alleinunterhaltung und fordern zugleich Geschick und Grips. Wenn sich Ihre Kaninchen intensiv mit einem Spiel beschäftigen und Spaß daran haben, hat es seinen Zweck erfüllt – egal, ob die Aufgabe sofort, später oder nie gelöst wird. So helfen Sie Ihren Zwergen auf die Sprünge:

Keine Zeitvorgabe: Lassen Sie die kleinen Kopfarbeiter so lange tüfteln, wie sie wollen. Ihre Zwergkaninchen sollten immer die Chance haben, die gestellte Aufgabe selbst zu lösen – auch wenn es manchmal ein paar Tage oder noch länger dauert.

Motivationshilfe: Wenn ein Zwerg auf der richtigen Fährte ist, aber schon längere Zeit mit dem Öffnungsmechanismus kämpft, ist ein Leckerli als Belohnung für Ehrgeiz und Durchhaltevermögen angebracht. Es hält bei Laune und motiviert zum Weitermachen.

Auf die Sprünge helfen: Manchmal führt selbst hartnäckiges Bemühen nicht zum Erfolg. Dann sollten Sie Hilfestellung leisten, indem Sie die Futterbelohnung ein bisschen hervorblitzen lassen oder den Spielablauf mehrmals hintereinander demonstrieren. Kaninchen sind aufmerksame Beobachter und lernen sehr schnell.

Auf ein Neues: Bieten Sie verschiedene Intelligenzspiele an. Oft schätzen wir den Schwierigkeitsgrad falsch ein. Nicht selten scheitert ein Zwerg an einem einfachen Spiel, meistert aber den vermeintlich viel schwereren Test mit Bravour.

Lösungsweg: Einen einheitlichen Lösungsweg gibt es nicht, dazu sind die Spiele in ihren Funktionsabläufen zu unterschiedlich. Das Prinzip ist simpel: Alles, was klappt, zählt als Erfolg. Bei interessierten Zwergen erkennt man jedoch eine Art Schema bei der Problemlösung: In der Regel wird das Spiel zuerst inspiziert und dabei die versteckte Belohnung erschnuppert (➙ Bild 1). Nun setzt der Zwerg Nase und Kopf ein, um das Hindernis wegzuräumen (➙ Bild 2). Klappt das nicht, folgen meist gezielte Pfotenschläge (➙ Bild 3). Manchmal führt erst der Einsatz der Zähne zum Erfolg (➙ Bild linke Seite).

Knifflige Intelligenzspiele

Ganz schön schwierig: Die verschiedenen Funktionsprinzipien von Intelligenzspielen stellen die Zwerge vor immer wieder neue Herausforderungen. Besonders gewiefte Hirnakrobaten lösen selbst anspruchsvolle Spiele aus dem Hunde- und Katzensortiment. Achten Sie aber bitte auf Material und Verarbeitung der Spiele. Einige halten den Kaninchenzähnen nicht lange stand und sollten nur unter Aufsicht eingesetzt werden.

Reinbeißen und herausziehen oder doch lieber gezielte Pfotenschläge einsetzen? Jeder Zwerg entwickelt seine eigene Technik, um an die versteckten Leckereien zu kommen.

Das Kugelspiel fordert vor allem den Einsatz von Nase und Kopf. Es eignet sich also auch gut für Zwerge mit Zahnproblemen.

Ein Spiel aus dem Hundesortiment, doch so mancher Zwerg kann es mit der Spitzfindigkeit der bellenden Fraktion aufnehmen. Um an die Leckereien zu gelangen, müssen die beweglichen Elemente mit Nase oder Pfote verschoben werden. Pfiffige Zwerge haben den Bogen schnell raus.

Intelligenzspiel Marke Eigenbau. Auf den Kopf gestellt, purzeln aus den Deckelöffnungen der drehbar gelagerten Futterbox kleine Leckereien heraus. Durch die Bodenbeschwerung pendelt sie immer wieder in ihre Ausgangsposition zurück. Was die Sache nicht leichter macht.

Hier braucht der Zwerg ein gutes Näschen und viel Geschick, denn die Leckereien sind unter Klappen versteckt. Die besondere Schwierigkeit: Die Klappen öffnen sich nach verschiedenen Seiten.

Ganz schön knifflig. Durch das Plexiglas scheinen die Leckerbissen zum Greifen nah, doch um an sie heranzukommen, muss erst einmal die Lade aufgezogen werden.

Schubladenstapel: Beim Herausziehen der untersten Lade rutscht die nächste nach und ist abholbereit.

Holzblock mit kleinen Vertiefungen, in denen Leckereien versteckt werden. Auf den Deckeln sitzen Knubbel. Wenn die Zwerge sie mit den Zähnen packen, können sie die Deckel entfernen.

Latte nur lose auflegen, um Verletzungen zu vermeiden.

Kaninchen sind Sprungkünstler. Wenn sie genug Bewegungsfreiheit haben, zeigen sie gern ihr Talent.

Spiel und Sport
mit dem Menschen

Das uneingeschränkte Vertrauen zum Halter ist die Voraussetzung für gemeinsamen Spielspaß: Nur ein Tier ohne Angst lässt sich völlig auf den Menschen ein, tobt mit ihm herum und stuft seine Spaßattacken als das ein, was sie sind – ungefährlich und lustig. Auch bei den Zwergkaninchen geht die Liebe durch den Magen, und über die regelmäßige Verköstigung mit ihrer Leibspeise gewinnt man schnell ihr Vertrauen. Zuerst schnappen die Zwerge nur die Leckerei und tauchen wieder unter, später futtern sie sogar aus der Hand. Starten Sie mit einfachen Spielen, sobald sich die Kaninchen in Ihrer Gegenwart völlig unbefangen zeigen und von sich aus Körperkontakt suchen. Anfangs möglichst ohne hektische Bewegungen, um die Tiere nicht zu erschrecken. Nach und nach sind auch turbulentere Spiele erlaubt. Und finden Sie sich damit ab, dass ein Zweibeiner gegen die flinken Hoppler oft ziemlich alt aussieht. Nicht jeder Zwerg mag solche Spiele: Akzeptieren Sie, wenn er die Gesellschaft seiner Artgenossen vorzieht.

Spiel-anleitung

Kaninhop ohne Leine

Kaninhop sorgt für jede Menge Bewegung und viel Spaß. Auf Wettkampfstress können die Zwerge dabei verzichten. Wenn sie Gefallen am Sprung über die Hürden finden, braucht es dazu weder Leine noch Geschirr. Probieren Sie aus, ob Ihre Rasselbande etwas mit Kaninhop anfangen kann. Vielleicht versteckt sich unter Ihren Zwergen ja ein begnadeter Kaninhop-Meister.

ARBEITSMITTEL
stufenlos in der Höhe verstellbare Hürde mit nur lose aufliegender Stange

Schritt 1: Stellen Sie die Hürde auf weichen Untergrund, um die Gelenke der Tiere zu schonen. Starten Sie mit flachen Sprüngen und einer Stangenhöhe von höchstens 5 cm.
Schritt 2: Führen Sie den Zwerg mit kleinen Gemüsehappen ans Hindernis heran. Ein besonderer Leckerbissen hinter dem Objekt liefert die nötige Motivation für den Sprung über die Hürde (➔ Bild 1).
Schritt 3: Beim ersten Mal klappt es nur selten. Die gewitzten Zwerge umlaufen einfach die Hürde, die faulen verzichten auf den Leckerbissen. Viele Wiederholungen mit kurzen Übungseinheiten sind das richtige Mittel der Wahl. Für jeden gelungenen

Sprung über die Hürde gibt es Lob und natürlich auch eine kleine Belohnung.
Schritt 4: Begreift ein Zwerg nicht, worum es geht, heben Sie ihn vorsichtig über die Hürde. Aber nur, wenn Ihnen das Tier vertraut und nicht in Panik gerät, sobald es den Boden unter den Füßen verliert.
Schritt 5: Ist der Groschen gefallen und der Zwerg hat Spaß am Springen, meistert er die Hürde auch ohne große Hilfestellung (➔ Bild 2). Nach und nach können Sie die Latte höher legen und mehrere Hürden hintereinander aufstellen. Fordern Sie aber bitte nicht zu viel von Ihrer Truppe!
Hinweis: Zeigt ein Zwergkaninchen gar keine Springerambitionen, gibt es sicher andere Spiele, die ihm mehr Spaß machen.

Grenzenloser Spielspaß

Lustigen Sport- und Spielideen sind keine Grenzen gesetzt. Erlaubt ist alles, was den Zwergen gefällt und sie nicht in Gefahr bringt. Nutzen Sie die Aktivphasen Ihrer Tiere. Dann sind sie gut gelaunt und für fast jeden Spaß zu begeistern. Jede gemeinsame Aktion stärkt die Vertrauensbasis zwischen Ihnen und Ihren Schützlingen. Und nach dem anstrengenden Bewegungsprogramm ist natürlich ausgiebiges Relaxen angesagt.

Stellen Sie einige Hindernisse auf, und locken Sie Ihr Kaninchen mit einem Leckerbissen im Slalom hindurch. Nach mehreren Trainingsläufen gibt es nur noch am Ende eine Belohnung. Wählt der Zwerg die erlernte Laufstrecke, oder kürzt er auf dem direkten Weg ab?

Kegeln ohne Kugel – das Abräumen übernehmen Ihre Zwerge freiwillig. Kaum sind die Kegel aufgestellt, düsen die Fellknäuel schon wieder herbei und werfen alles um.

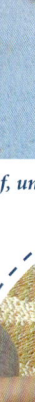

Jetzt geht's rund. Wählen Sie einen Ball in geeigneter Größe, damit Ihr Zwerg sich nicht »überrollt« fühlt.

Einige Zwerge sind richtige Gipfelstürmer, denen kein Berg zu hoch ist. Es spricht nichts dagegen, sich selbst als Kletterobjekt zur Verfügung zu stellen. Gleichzeitig stärken Sie damit die Beziehung zu Ihren Schützlingen. Kratzspuren sind allerdings nicht ganz ausgeschlossen.

Eine selbst gebaute Angel mit einem Gemüsehappen als Köder – schon kann das Spiel beginnen. Die Rute sollte so gehalten werden, dass sich die Zwerge tüchtig recken und strecken müssen.

Zum Spielen motivieren

Die beste Animation für jedes Spiel ist und bleibt ein saftiger Leckerbissen. Necken Sie die Zwergkaninchen dabei aber bitte nicht allzu sehr, indem Sie das Futterhäppchen immer wieder wegziehen. Sonst verlieren Ihre Spielpartner schnell die Lust. Kleine Erfolgserlebnisse halten bei Laune. Für Angsthasen, die sich noch scheuen, Futter aus der Hand des Halters zu nehmen, eignen sich »Distanzspiele« wie das Gemüseangeln (→ Bild oben). Beginnen Sie mit einer langen Rute, die dann nach und nach verkürzt wird. So können Sie das Vertrauen Ihrer Schützlinge langsam ausbauen.

Pause nach Sport und Spiel

Beim wilden Herumtollen mit ihrem Halter kommen nicht nur die Zwerge außer Puste und brauchen dann und wann eine kleine oder größere Verschnaufpause. Natürlich spricht nichts dagegen, die Spielstunde gemeinsam ausklingen zu lassen (→ Bild unten). Sie sollten es aber auch akzeptieren, wenn sich manche Ihrer kleinen Mitspieler zum Relaxen lieber in ihren Unterschlupf zurückziehen möchten.

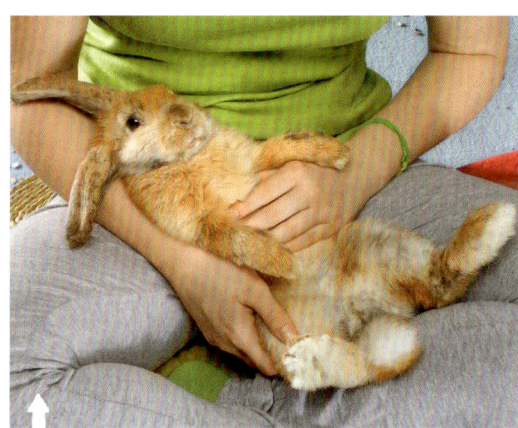

Einige Zwerge lassen sich gerne mit Streicheleinheiten verwöhnen. Erkunden Sie, was Ihrem Liebling gefällt. Eine zarte Massage oder sanfte Bürstenstriche?

Zeichnungen für den Modulbau, Seite 22–24

Zeichnung 1 a – Schablone

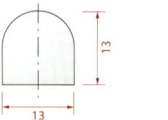

Zeichnung 1 b – Lage der Öffnungen

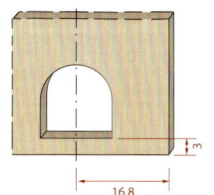

Zeichnung 2 a – Modul A

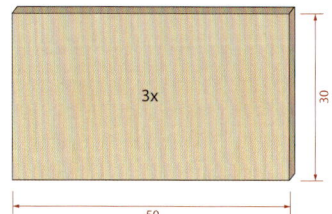

Zeichnung 2 b – Modul A

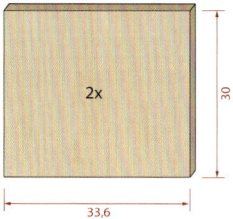

Zeichnung 3 a – Modul B

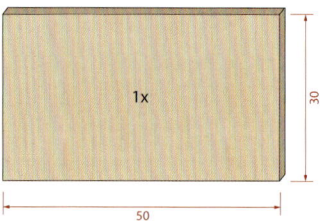

Zeichnung 3 b – Modul B

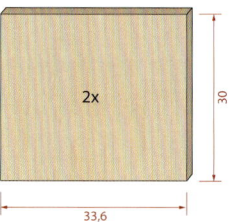

Zeichnung 3 c – Modul B

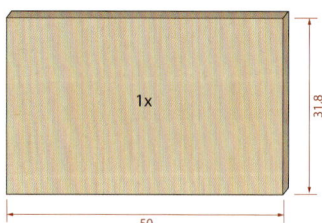

Zeichnung 4 a – Modul C

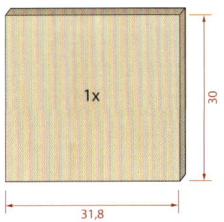

1x

30

31,8

Zeichnung 4 b – Modul C

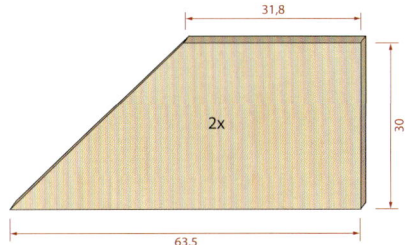

31,8

2x

30

63,5

Zeichnung 4 c – Modul C

Gehrungsschnitte 45°

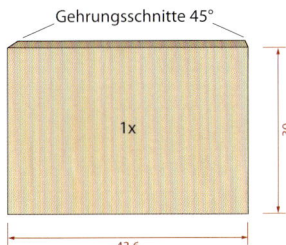

1x

30

43,6

Zeichnung 4 d – Modul C

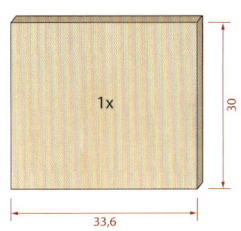

1x

30

33,6

Zeichnung 5 a – Modul D

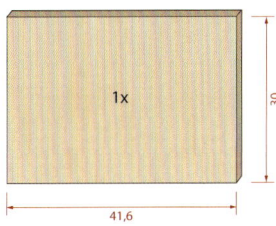

1x

30

41,6

Zeichnung 5 b – Modul D

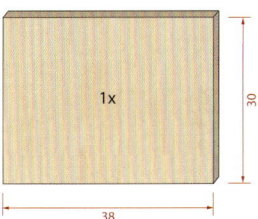

1x

30

38

Zeichnung 5 c – Modul D

Gehrungsschnitt 22,5°

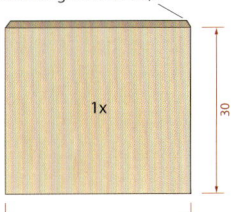

1x

30

33,6

Zeichnung 5 d – Modul D

Gehrungsschnitt 22,5°

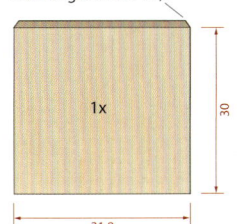

1x

30

31,8

Zeichnungen für den Modulbau, Seite 22–24

Zeichnung 5 e – Modul D

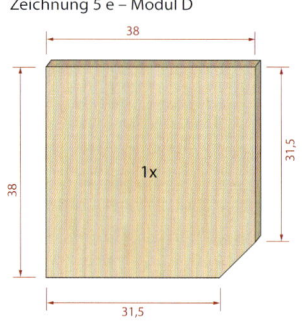

Zeichnung 5 f – Modul D

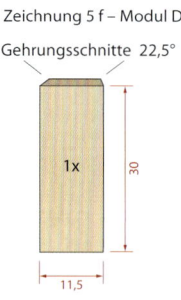

Zeichnung 6 a – Modul E

Zeichnung 6 b – Modul E

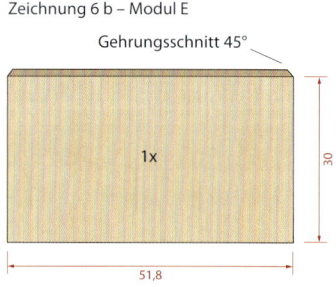

Zeichnung 6 c – Modul E

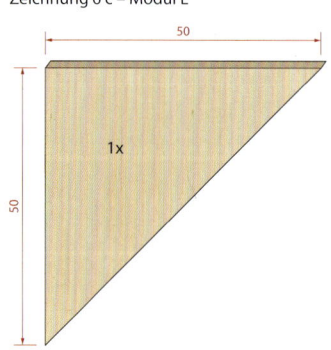

Zeichnung 7 a – Modul F

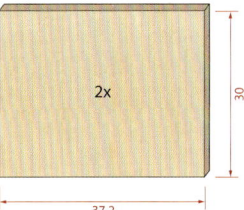

Zeichnung 7 b – Modul F

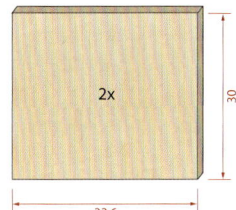

Zeichnung 7 c – Modul F

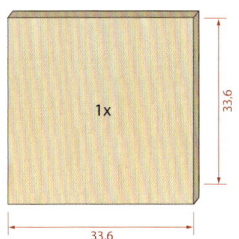

Zeichnung 8 – Schablone
für Öffnungen Pavillon

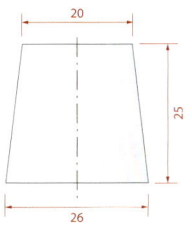

Zeichnungen für das Treppenhaus, Seite 35–37

Zeichnung 9 a

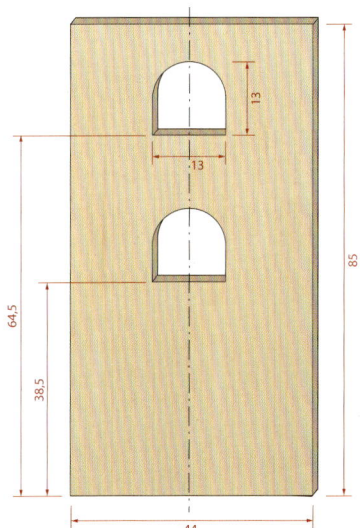

Zeichnung 9 b

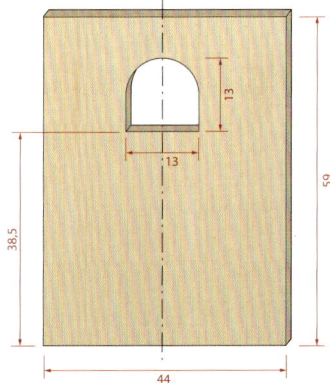

Zeichnungen für das Treppenhaus, Seite 35–37

Zeichnung 9 c

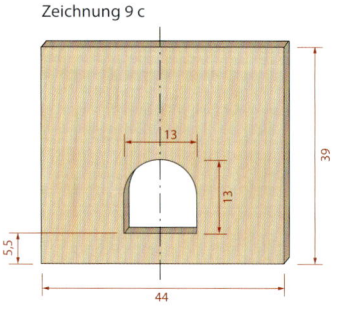

Zeichnung 10

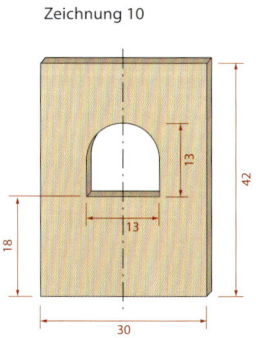

Zeichnung 11

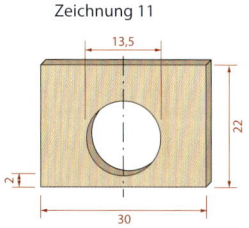

Zeichnung für die Hängebrücke, Seite 45

Zeichnung 12

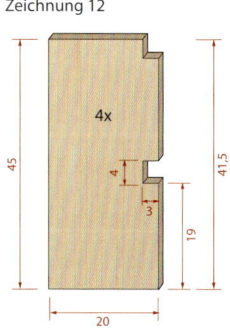

Halbfett gesetzte Seitenzahlen
verweisen auf Abbildungen.
UK = Umschlagklappe

Die Inhalte dieses Buches beziehen sich auf die Bestimmungen des deutschen Tier- bzw. Artenschutzes. In anderen Ländern können die Angaben abweichend sein. Erkundigen Sie sich daher im Zweifelsfall bitte bei Ihrem Zoofachhändler oder bei der entsprechenden Behörde.

Adressen

Zentralverband Deutscher Rassekaninchenzüchter e. V. (ZDRK), Peter Mickmann, Mittelfeldweg 19 b, 27607 Langen, www.deutsche-rassekaninchenzuechter.de

Bundesarbeitsgruppe Kleinsäuger e. V., Binzer Str. 11, 04207 Leipzig, www.bag-kleinsaeuger.de *(nur Fragen zur Haltung)*

Rassezuchtverband Österreichischer Kleintierzüchter (RÖK), Mollgasse 11–13, A-1180 Wien, www.kleintierzucht-roek.at

Rassekaninchen Schweiz, c/o Armin Wyss, Sonnenau 125a, CH-9108 Gonten, www.kleintiere-schweiz.ch

Deutscher Tierschutzbund e. V., Baumschulallee 15, 53115 Bonn, www.tierschutzbund.de

Tierärztliche Vereinigung für Tierschutz e. V. (TVT), Geschäftsstelle: Bramscher Allee 5, 49565 Bramsche, www.tierschutz-tvt.de

Österreichischer Tierschutzverein, Berlagasse 36, A-1210 Wien, Tel. (00 43) 1-8 97 33 46, www.tierschutzverein.at

Schweizer Tierschutz (STS), CH-4008 Basel, Beratung unter Telefon (00 41) 6-13 65 99 99, www.tierschutz.com

Hier finden Sie Tierärzte in Ihrer Nähe:
BPT – Bundesverband praktizierender Tierärzte e. V., Online-Tierärzteverzeichnis unter www.smile-tierliebe.de

Gesellschaft für ganzheitliche Tiermedizin e. V. (GGTM), Mooswaldstraße 7, 79227 Schallstadt, www.ggtm.de *Die GGTM vermittelt Tierärzte, die auf der Basis von Naturheilverfahren arbeiten.*

Bundesverband für fachgerechten Natur- und Artenschutz e. V. (BNA), Ostendstr. 4, 76707 Hambrücken, www.bna-ev.de

Nabu – Naturschutzbund Deutschland e. V., Charitéstr. 3, 10117 Berlin, www.NABU.de, E-Mail: Service@NABU.de

Informationen über Pflanzen, die für Zwergkaninchen giftig sind, finden Sie unter:
www.giftpflanzen.de
www.botanicus.de
www.kaninchen-infos.de

Fragen zur Haltung

beantworten Ihr Zoofachhändler und der **Zentralverband Zoologischer Fachbetriebe Deutschlands e. V. (ZZF),** Tel. (06 11) 44 75 53 32 *(nur telefonische Auskunft möglich: Mo 12–16 Uhr, Do 8–12 Uhr),* www.zzf.de

Bücher

Linke-Grün, G.: **Zwergkaninchen – Wohlfühlheime gestalten.** Gräfe und Unzer Verlag, München

Morgenegg, R.: **Artgerechte Haltung – Ein Grundrecht auch für (Zwerg-)Kaninchen.** tb-Verlag, Lahr

Schmidt, E.: **Mein Kaninchen.** Gräfe und Unzer Verlag, München

Scholz, H.-P.: **Kaninchen-Kompass. Rassekaninchen auf einen Blick.** Oertel + Spörer Verlag, Reutlingen

Wegler, M.: **Kaninchen im Außengehege.** Gräfe und Unzer Verlag, München

Winkelmann, J.: **Kaninchenkrankheiten.** Ulmer Verlag, Stuttgart

Zeitschriften

Kaninchenzeitung. Hobby- und Kleintierzüchter Verlagsgesellschaft, Berlin

Rodentia. Natur und Tier-Verlag, Münster

Zwergkaninchen im Internet

www.bunnyhilfe.de
www.hoppel-bande.de
www.kaninchen-online.de
www.kaninchenschutz.de
www.kaninchenzucht.de
www.sweetrabbits.de
www.wirhelfenkaninchen.de
www.zwergkaninchen.net

Bezugsquellen

www.plueschnasen.de (*Intelligenzspiele*)
www.strohteppich.de (*Maisstrohteppiche*)

Wichtige Hinweise

Verletzungsschutz Bei Eigenbauten dürfen keine Gefahrenquellen entstehen, an denen sich die Tiere verletzen können.
Giftfrei Zur Holzbehandlung ausschließlich ungiftige Farben und Lacke verwenden.
Sicherheit Gehege gegen Ein- und Ausbruch sichern, auch im Haus.

Dank

Autorin, Fotografin und Verlag danken der Firma TRIXIE Heimtierbedarf, 24963 Tarp, für die freundliche Unterstützung der Fotoproduktion. Weiterhin danken sie folgenden Personen für ihre Mithilfe: Mario, Martin und Christian Schmidt, Stefanie Hartmann, Mona Halboth, Jasmin Berg, Hannes Stieglan, Kim Baeckmann, Scarlett Göbel, Hannes Kuhn, Anastasia Brack, Jenny Almoneit, Viola Welters, Wiesia Krol, Ute Börner; Zoofachhandlung »Tierisch In«, Eisenach.

Freude am Tier

GU Tierratgeber – damit Ihr Heimtier sich wohlfühlt

ISBN 978-3-8338-1718-2
144 Seiten

ISBN 978-3-7742-8834-8
144 Seiten

ISBN 978-3-8338-0520-2
64 Seiten

ISBN 978-3-8338-0866-1
64 Seiten

ISBN 978-3-7742-7362-7
48 Seiten

ISBN 978-3-8338-0407-6
256 Seiten

Änderungen und Irrtum vorbehalten.

Das macht sie so besonders:

Rat vom Experten – bestens informiert

Gut versorgt – von Anfang an

Tolle Ideen – mit Wohlfühlgarantie

Willkommen im Leben.

Unsere Garantie

Alle Informationen in diesem Ratgeber sind sorgfältig und gewissenhaft geprüft. Sollte dennoch einmal ein Fehler enthalten sein, schicken Sie uns das Buch mit dem entsprechenden Hinweis an unseren Leserservice zurück. Wir tauschen Ihnen den GU-Ratgeber gegen einen anderen zum gleichen oder ähnlichen Thema um.

Liebe Leserin und lieber Leser,

wir freuen uns, dass Sie sich für ein GU-Buch entschieden haben. Mit Ihrem Kauf setzen Sie auf die Qualität, Kompetenz und Aktualität unserer Ratgeber. Dafür sagen wir Danke! Wir wollen als führender Ratgeberverlag noch besser werden. Daher ist uns Ihre Meinung wichtig. Bitte senden Sie uns Ihre Anregungen, Ihre Kritik oder Ihr Lob zu unseren Büchern. Haben Sie Fragen oder benötigen Sie weiteren Rat zum Thema? Wir freuen uns auf Ihre Nachricht!

Wir sind für Sie da!
Montag–Donnerstag:
8.00–18.00 Uhr;
Freitag: 8.00–16.00 Uhr
Tel.: 0180-5005054*
Fax: 0180-5012054*
E-Mail: leserservice@
graefe-und-unzer.de
*(0,14 €/Min. aus dem dt. Festnetz/
Mobilfunkpreise maximal 0,42 €/Min.)

P.S.: Wollen Sie noch mehr Aktuelles von GU wissen, dann abonnieren Sie doch unseren kostenlosen GU-Online-Newsletter und/oder unsere kostenlosen Kundenmagazine.

GRÄFE UND UNZER VERLAG
Leserservice
Postfach 86 03 13
81630 München

© 2011
GRÄFE UND UNZER
VERLAG GmbH, München
Alle Rechte vorbehalten. Nachdruck, auch auszugsweise, sowie Verbreitung durch Film, Funk, Fernsehen und Internet, durch fotomechanische Wiedergabe, Tonträger und Datenverarbeitungssysteme jeglicher Art nur mit schriftlicher Genehmigung des Verlages.

Projektleitung: Cornelia Nunn
Lektorat: Gerd Ludwig
Bildredaktion: Daniela Jelinek, Petra Ender (Cover)
Umschlaggestaltung und Layout: independent Medien-Design, Horst Moser, München
Herstellung: Claudia Häusser
Satz: Uhl + Massopust, Aalen
Reproduktion: Longo AG, Bozen
Druck: Firmengruppe APPL, aprinta druck, Wemding
Bindung: Firmengruppe APPL, sellier druck, Freising

Printed in Germany

ISBN 978-3-8338-2208-7

1. Auflage 2011

Umwelthinweis

Dieses Buch ist auf PEFC-zertifiziertem Papier aus nachhaltiger Waldwirtschaft gedruckt. Um Rohstoffe zu sparen, haben wir auf Folienverpackung verzichtet.

Ein Unternehmen der
GANSKE VERLAGSGRUPPE

Die Autorin

Esther Schmidt ist eine erfahrene und engagierte Hobbyzüchterin von Kaninchen und anderen Kleintieren. Von Anfang an war es ihr Anspruch, Haltungsbedingungen zu schaffen, die denen in den ursprünglichen Lebensräumen der Tiere möglichst nahe kommen. Dabei ist es Esther Schmidt immer gelungen, den intensiven Kontakt und die enge Vertrautheit zu ihren Tieren zu bewahren.

Die Fotografin

Regina Kuhn ist freie Fotodesignerin und arbeitet seit vielen Jahren als Bildautorin im Bereich Heimtierfotografie. Ihre Tierbilder erscheinen in vielen renommierten Buchverlagen und Zeitschriften. Daneben betreut sie auch Kalender und Werbeproduktionen.

Alle Fotos in diesem Buch stammen von **Regina Kuhn** mit Ausnahme von: **Oliver Giel:** Cover. Alle Zeichnungen in **diesem Buch** stammen von **Claudia Schick.**

Syndication:
www.jalag-syndication.de